森 林

地球知识编委会　编著

中国大百科全书出版社

图书在版编目（CIP）数据

森林 / 地球知识编委会编著. -- 北京 : 中国大百
科全书出版社，2025. 1. --（地球知识）. -- ISBN 978-
7-5202-1835-1

Ⅰ. S7-49

中国国家版本馆 CIP 数据核字第 20255R8R39 号

总 策 划：刘 杭　郭继艳
策划编辑：王 阳
责任编辑：王 阳
责任校对：闵 娇
责任印制：王亚青
出版发行：中国大百科全书出版社有限公司
地　　址：北京市西城区阜成门北大街 17 号
邮政编码：100037
电　　话：010-88390811
网　　址：http://www.ecph.com.cn
印　　刷：唐山富达印务有限公司
开　　本：710mm×1000mm　1/16
印　　张：10
字　　数：100 千字
版　　次：2025 年 1 月第 1 版
印　　次：2025 年 1 月第 1 次印刷
书　　号：ISBN 978-7-5202-1835-1
定　　价：48. 00 元

本书如有印装质量问题，可与出版社联系调换。

总　序

这是一套面向大众、根植于《中国大百科全书》第三版（以下简称百科三版）的百科通俗读物。

百科全书是概要记述人类一切门类知识或某一门类知识的完备的工具书。它的主要作用是供人们随时查检需要的知识和事实资料，还具有扩大读者知识视野和帮助人们系统求知的教育作用，常被誉为"没有围墙的大学"。简而言之，它是回答问题的书，是扩展知识的书。

中国大百科全书出版社从1978年起，陆续编纂出版了《中国大百科全书》第一版、第二版和第三版。这是我国科学文化建设的一项重要基础性、标志性、创新性工程，是在百年未有之大变局和中华民族伟大复兴全局的大背景下，提升我国文化软实力、提高中华文化国际影响力的一项重要举措，具有重大的现实意义和深远的历史意义。

百科三版的编纂工作经国务院立项，得到国家各有关部门、全国科学文化研究机构、学术团体、高等院校的大力支持，专家、学者5万余人参与编纂，代表了各学科最高的专业水平。专家、作者和编辑人员殚精竭虑，按照习近平总书记的要求，努力将百科三版建设成有中国特色、有国际影响力的权威知识宝库。截至2023年底，百科三版通过网站（www.zgbk.com）发布了50余万个网络版条目，并陆续出版了一批纸质版学科卷百科全书，将中国的百科全书事业推向了一个新的高度。

重文修武，耕读传家，是我们中国人悠久的文化传承。作为出版人，我们以传播科学文化知识为己任，希望通过出版更多优秀的出版物来落实总书记的要求——推动文化繁荣、建设中华民族现代文明，努力建设中国式现代化强国。

为了更好地向大众普及科学文化知识，我们从《中国大百科全书》第三版中选取一些条目，通过"人居环境""科学通识""地球知识""工艺美术""动物百科""植物百科""渔猎文明""交通百科"等主题结集成册，精心策划了这套大众版图书。其中每一个主题包含不同数量的分册，不仅保持条目的科学性、知识性、准确性、严谨性，而且具备趣味性、可读性，语言风格和内容深度上更适合非专业读者，希望读者在领略丰富多彩的各领域知识之时，也能了解到书中展示的科学的知识体系。

衷心希望广大读者喜爱这套丛书，并敬请对书中不足之处给予批评指正！

《中国大百科全书》编辑部

"地球知识" 丛书序

地球是已知的唯一存在生命的天体，是一个充满生命和活力的星球，其独特的地理和环境条件为生命的诞生和繁衍提供了可能。同时，人类也在不断探索和利用地球资源的过程中，努力寻求与地球和谐共生的方式。本套丛书选择了森林、绿地、湿地和海洋四类与人类生存和发展息息相关的地球资源加以介绍，因为它们的价值以及为人类文明的发展和延续提供的助益难以估量。

为便于广大读者了解地球知识，编委会依托《中国大百科全书》第三版世界地理、中国地理、生态学、林业、人居环境科学等学科各分支领域内容，精心策划了"地球知识"丛书。丛书编为《森林》《绿地》《湿地》《海洋》等分册，图文并茂地介绍了这几类地球资源的分布、功能、重要性与保护措施。

森林在人类发展的早期阶段扮演着至关重要的角色，为人类提供了食物、生活材料和庇护。如今，人们更加关注的是森林的生态效益，是其在净化空气、涵养水源、保持水土、防风固沙等方面所起到的不可替代的作用。绿地是用于改善生态、保护环境、美化景观和为居民提供游憩场地的城市绿化用地，在城市生活中可谓随处可见。防护绿地、生产绿地、公园绿地、附属绿地，都在默默地为改善城市环境、提高居民生活质量做着贡献。湿地是地球上不可或缺的生态系统，人们所熟知的沼泽、滩涂、泥炭地等都属于这一范畴。其主要功能集中在调蓄水源、净化水质、调节气候和提供野生动物栖息地等方面。海洋是浩瀚而神秘的，其覆盖了地球表面的 71%，但人们只探索了其中的 5%。它为人类提供了丰富的资源和生态服务，许多民族的传统文化和神话故事都与它紧密相关，它早已成为人类文化和精神生活的重要组成部分。

希望通过《中国大百科全书》第三版大众版"地球知识"丛书的出版，帮助读者朋友进一步了解人类的共同家园——地球，在收获知识的同时，认识到维护生态平衡的重要性，重视对地球环境和资源的保护，为地球的未来贡献自己的力量。

地球知识丛书编委会

目　录

第 **3** 章　针阔叶混交林　105

第 4 章　森林功能与保护　111

第 1 章

针叶林

　　针叶林是以裸子植物中常绿乔木或落叶乔木为建群种或优势种的森林植被。裸子植物中，绝大多数乔木树种的叶子细长狭窄或细小如鳞片，叶形有针形、钻形、狭披针形、刺形、鳞形等。具有针形叶的裸子植物数量多、地理分布广。因此，裸子植物的乔木树种通称为针叶树，由此组成的森林被称为针叶林。根据针叶的物候特征，针叶林可进一步划分为落叶针叶林、落叶与常绿针叶混交林和常绿针叶林等类型，各类型根据热量条件还可以进一步细分出多个亚型。据估计，全球针叶林总面积达 1.9×10^7 平方千米，森林植物生物量约占全球森林生物量的 14%；中国的针叶林木材蓄积量约占全国森林总蓄积量的 60% 以上。

　　◆ **起源与演化**

　　裸子植物中，苏铁科和银杏科的原始祖先化石出现在侏罗纪以前的地层中；紫杉科、罗汉松科、水杉科的化石出现在白垩纪地层中；松科的云杉属、冷杉属和雪松属的化石多出现在第三纪的地层中。现存的裸子植物是原始类型在环境变迁过程中演化形成的后裔。第三纪始新世的降温过程、渐新世末期至中新世早期的升温过程、青藏高原隆起以及第四纪更新世的大冰期等，对现代裸子植物分化和地理分布格局产生了重大影响。在第三纪始新世的降温过程中，一些类型灭绝了，而另一些类型逐渐向中低纬度和中低海拔地区扩散。在渐新世末期至中新世早期，气温逐步回升，加速了裸子植物类型的再分化过程。例如，云杉属的三大系统发育分支很可能就是在此期间演化形成的。青藏高原隆起和第四纪更新世的大冰期对中国裸子植物的分化和地理分布格局的形成具有重要意义。中国产裸子植物 11 科 36 属 204 种，其中约 66 种为针叶林的建群种，这是中国针叶林类型多样化的基础。中国针叶林类型的复杂性和多样性，以及裸子植物中具有较丰富的古老孑遗类型的事实，表征了中国西南横断山脉地区在全球裸子植物起源演化过程中的特殊地位。

◆ **地理分布**

针叶林在南北半球均有分布，其核心分布区位于北半球中纬度和中高纬度地区的陆地区域。针叶林分布区的地理坐标范围，在经度方向，欧亚大陆为东经 5°～155°，北美大陆为西经 165°～53°；纬度方向，包括了南半球中纬度地区（约南纬 35°）至北极圈内（北纬 70°）。在环北极地区可形成主要由云杉属、冷杉属和落叶松属的树种组成的大面积连片的森林；在北半球低纬度地区，针叶林面积较少，群落类型较多，群落结构较复杂。在南半球，针叶林主要分布于巴西南部高原、智利、阿根廷、澳大利亚东部、新西兰、新几内亚等国家和地区，建群种主要来自南洋杉属、贝壳杉属、罗汉松属或陆均松属。

中国针叶林的地理分布范围几乎覆盖了全境，其主要生长在山地和丘陵地带，集中分布的区域包括阿尔泰山、天山山脉、祁连山脉、贺兰山、阴山山脉、吕梁山脉、大兴安岭、小兴安岭、长白山、横断山脉、秦岭山脉、大巴山、华东诸山地、南岭、海南岛低山丘陵以及台湾中央山脉等。在西北、华北及东北山地，针叶林的面积较大。

中国天山山脉中段针叶林外貌

中国针叶林的垂直分布范围大致在 150～4700 米，区域间差别较大，总体趋势从北到南逐渐升高。以云杉林为例，在中高纬度地区（北纬 43°～53°），垂直分布范围是 250～2200 米，在中纬度地区（北纬 33°～43°）是 1200～3600 米，在中低纬度地区（北纬 23°～33°）是 1300～4690 米。但在一些针叶林类型中，这种趋势不是很明显。例如，在低纬度地区的广东、广西、海南等地，海南松林主要生长在海拔 150～800 米的低山丘陵地带。

◆ **生态特征**

针叶林建群种的叶片都具有明显的旱生型结构，如深陷气孔、发达的角质层和含油脂等，表征了对寒冷和干旱气候的适应。针叶林生态幅度宽泛，在最热月平均温度不低于 10℃、年干燥度小于 1.0 的地区均有生长。从气候类型看，针叶林分布区的气候跨越了寒温带、温带、亚热带和热带地区，最冷月气温变化幅度是 0～-70℃，年降水量变化幅度是 300 ～ 2000 毫米。从地貌类型看，针叶林可以生长在山地、丘陵、河谷、海滨、沼泽、湿地和平原。对土壤的酸碱度适应幅度较宽，以酸性土为主，在中性土和碱性土上也可生长。针叶林的主要土壤类型有山地灰棕壤、山地漂灰土、沼泽土、草甸土等。在不同的气候区或在不同的地貌和土壤条件下，可形成不同的针叶林。以松林为例，从南到北，热量递减，依次出现由南亚松、马尾松、油松、红松、樟子松等为建群种的松林。

◆ **群落外貌、结构与组成**

针叶林群落的外貌特征与物种组成、针叶树的分枝方式和针叶的物候密切相关。针叶树分枝方式以总状分枝为主，个体外貌通常为尖塔状；针叶的物候特征有常绿和落叶之分，常绿针叶树色泽墨绿，落叶针叶树色泽浅绿。因此，由一种或少数几种常绿针叶树组成的针叶林，呈现尖塔层叠的外貌。在个体发育过程中，或在特殊的生境下，针叶树的外貌会发生较大变化。例如，处在衰老阶段的个体，树冠圆钝开阔，状如阔叶树，松类和铁杉类尤为明显；生长在山脊或林线地带的个体，外形浑圆。在此种情形下，针叶林的外貌也会发生相应的变化。如果群落由常绿针叶树和落叶针叶树组成，特别是由云杉、冷杉、松和落叶松组成的混交林，群落外貌亦呈千塔层叠状，但墨绿与亮绿相间；如果群落是由针叶树和阔叶树组成的混交林，前者树冠狭窄尖峭，后者则圆钝开阔，群落呈现出尖塔树冠与圆钝开阔树冠相间的外貌，针叶树常高耸于阔叶树之上，色泽由浅绿到墨绿的各色斑块镶嵌组成。

针叶林的物种组成包括种子植物、蕨类和苔藓。裸子植物以松科、

柏科和杉科植物为主，其中
松科植物占优势，柏科次之，
杉科和罗汉松科植物在亚热
带、热带山地针叶林中较常
见。被子植物中，种类最多
的是菊科和蔷薇科，其次是
毛茛科、虎耳草科、禾本科、

中国西藏东部针叶林外貌

豆科、百合科、忍冬科、伞形科、唇形科、杜鹃花科和莎草科等；壳斗
科、山茶科和樟科的植物在亚热带、热带山地针叶林中较常见。蕨类植
物以蹄盖蕨科、鳞毛蕨科、瘤足蕨科、膜蕨科、水龙骨科、乌毛蕨科、
石松科、凤尾蕨科、木贼科和冷蕨科的植物为主。苔藓植物以灰藓科、
柳叶藓科、金发藓科、羽藓科、皱蒴藓科、青藓科、塔藓科和曲尾藓科
的植物常见。

中国针叶林植物科的区系成分中，世界分布科、热带分布科和温带
分布科约各占1/3，其余分布型科的比例较低。属的区系组成中，北温
带分布型约占1/3；其他分布型，如东亚分布、世界分布、旧世界温带
分布、东亚和北美间断分布、北温带和南温带间断分布等，约占1/10。

针叶林群落生活型谱中，木本植物比例可达60%，草本植物占
40%。木本植物中，常绿乔木所占比例较落叶乔木高，常绿灌木和落叶
灌木比例相仿，木质藤本和箭竹比例较低。草本植物中，种类最多的是
多年生直立杂草类，其次是禾草类和蕨类植物。

针叶林群落垂直结构可划分为乔木层、灌木层、草本层和地被层，

根据植物的生活型，还可划分出更多的层片。

针叶树是世界上最高的树木，例如，产于美国西海岸的北美红杉，个体高度可达 110 米；中国西南部和新疆西部的针叶林中，个体高度可达 60～70 米。乔木层的高度在 6～60 米，绝大多数在 15～35 米。其物种组成变化较大，有纯林和混交林之分。纯林主要由松属、云杉属、冷杉属、落叶松属和圆柏属的植物组成，通常分布于热量条件受限的中高纬度地区或低纬度地区的亚高山地带；混交林的物种组成复杂，除了常见的针叶树外，还有多种阔叶树混生。在北方温带地区，针叶林中混生的阔叶树主要以桦木科、杨柳科、胡桃科和槭树科的种类为主；在暖温带、亚热带至热带地区，阔叶树以壳斗科、山茶科和樟科的种类居多。无论是纯林还是混交林，特别是当乔木层的建群种为耐荫树种时，乔木层均可形成复层异龄结构。在纯林中，同一物种不同年龄段的个体可位于不同的垂直层次；在混交林中，除了具有纯林的垂直分化层次特征外，不同的垂直结构层次往往由不同的物种组成，根据物种高度可划分出 2～4 个亚层，针叶树常位于大乔木层或林冠乔木层，阔叶树可位于中、小乔木层。当针叶林的建群种为阳性树种时，可能会形成年龄结构相对一致的乔木层结构。在亚热带和热带地区的针叶林中，木质藤本等层间植物较发达，树干和枝条上常有松萝悬挂生长。

针叶林林下灌木的数量特征和物种组成变化很大。在一些群落中或在树冠遮蔽的林下，灌木稀疏或无灌木生长；在林下光照适中的环境中通常有稳定的灌木层。灌木层的高度通常为 50～350 厘米。种类以耐阴类型为主，主要来自蔷薇科、忍冬科、小檗科、五加科、杨柳科、杜鹃花科、海桐花科、山茶科、樟科、紫金牛科、茜草科、大戟科、虎耳草科、桑科、漆树科和金缕梅科。在寒温带以及温带地区的针叶林下，灌木层以蔷薇、悬钩子、茶藨子、忍冬、小檗等较常见；在环北极地区针叶林下，北极花、越橘等常绿小灌木常见；在暖温带山地针叶林中，林下灌木层中会出现数量众多的杜鹃、海桐、冬青、枸木、山矾等常绿灌木。在暖温带至亚热带山地的一些针叶林下，还会出现竹类层，高度可达 450 厘米，如果林下竹类生长茂密，灌木层和草本层的发育将会受到抑制。

针叶林林下草本层的高度可达 50 厘米，个别高大的草本可达 200 厘米；物种组成中，薹草、早熟禾、珠芽蓼、双花堇菜、草莓、酢浆草、马先蒿、鹿蹄草、舞鹤草和蕨类植物等较常见。

中国台湾合欢山针叶林外貌

苔藓可生长在树干、岩壁和林地。苔藓层的盖度变化较大。在一些群落中，特别是在寒温性针叶林下，苔藓如绿毯状铺散在林地中，林下几乎无灌木和草本生长；在温性和暖温性针叶林下，苔藓层呈斑块状散布在林地中。

◆ 群落类型

针叶林的群落类型复杂，在不同的区域间差别很大。在北美大陆，针叶林常见的建群种有白云杉、黑云杉、西加云杉、亚高山冷杉、花旗松、巨冷杉、北美乔柏、巨杉、北美红杉、危地马拉冷杉、墨西哥白松、墨西哥柏木、加拿大铁杉、美国五针松、铅笔柏、矮松、刚松等。在欧洲大陆，针叶林常见的建群种有欧洲云杉、欧洲冷杉、希腊冷杉、罗德曼冷杉、欧洲赤松、山地松、欧洲落叶松。在非洲北部的阿特拉斯山，亚洲小亚细亚半岛、黎巴嫩、阿富汗直至喜马拉雅山，还有雪松组成的山地针叶林。在地中海周边地区，针叶林的建群种有阿列波松、海岸松、意大利石松、直立球松、地中海柏木以及阿尔及利亚冷杉等。在亚洲，针叶林常见的建群种有西伯利亚落叶松、兴安落叶松，西伯利亚冷杉、西伯利亚云杉、萨哈林冷杉、兴安鱼鳞云杉、韦氏冷杉、本州云杉、异叶铁杉、日本冷杉、日本铁杉、赤松、日本柳杉、日本落叶松、日本扁柏、罗汉柏。在东南亚地区，针叶林较少，建群种有陆均松、罗汉松、贝壳杉等喜热树种。

1980 年出版的《中国植被》中记载，根据热量条件的差异，中国针叶林可划分为 5 种植被型，即寒温性针叶林、温性针叶林、温性针阔叶混交林、暖性针叶林以及热性针叶林，有 7 个群系组 66 个群系。其中，以松属植物为建群种的群系达 13 个；在中国的寒温性针叶林中，以云杉、冷杉为建群种的群系类型有 26 个，以落叶松属植物为建群种的群系有 9 个。此外，中国针叶林中还包含了许多珍稀和特有的类型。例如，以杉木、银杉、水杉、水松等为建群种的针叶林为中国所特有；以台湾杉、铁杉、黄杉、油杉、柳杉等为建群种的针叶林，也主要分布于中国境内。中国的针叶林主要为山地类型，虽然群落类型复杂，但其总面积在全球针叶林中只占很低的比例。

◆ 森林保育

针叶树的生命周期较长，可达数百年。针叶林不仅具有重大的经济价值，在维持生态平衡、生物多样性保育和环境保护等方面也具有重要意义。

火灾、风灾、虫害、雪折和采伐等对针叶林的干扰较大。自20世纪中后期以来，世界各地兴起了森林旅游业，针叶林分布区成为旅游目的地。这一现象在欧洲和北美西部尤为突出。森林旅游业的发展加重了人类活动对森林干扰的强度。针叶林遭到破坏后，植被恢复需要经历数百年的时间，其间会出现若干过渡性质的植物群落。例如，在欧洲云杉林的火烧迹地上，最先出现由先锋草本植物组成的群落，随后依次出现灌丛、杨桦类阔叶林、针阔混交林、以松林占优势的亚顶极群落和欧洲云杉林顶极群落，植被恢复的时间尺度可持续500年之久。

中国针叶林在20世纪中后期经历了大规模的采伐。在西北和华北地区主要实施择伐作业，对森林的干扰较轻，针叶林外貌较整齐，结构较完整，天然林保存面积较大；在西南地区主要实施皆伐作业，资源破坏较严重，除了在自然保护区内或在人迹罕至的地带尚能见到小片的原始针叶林外，在其他产地已难觅踪迹，现存的森林多为采伐迹地上恢复的中幼林，人工林面积较大。自20世纪末实施天然林保护工程以来，以木材生产为目的的采伐作业已经停止，各地也建立了自然保护区，但针叶林的保育工作仍面临着许多突出问题。一些地区盗伐木材、樵柴和乱采滥挖现象仍然屡禁不止，林牧矛盾依旧突出。需加强林权管理，严格实施封山育林，协调林牧矛盾；森林旅游产业的开发要科学规划，严格执行相关法规，规范旅游行为，降低对森林的干扰；人工针叶林结构的调整和优化也需关注。

寒温性针叶林

寒温性针叶林是以云杉属、冷杉属、落叶松属、圆柏属和松属中的耐寒树种为建群种或优势种，适应低温阴湿环境的针叶林。

◆ 地理分布与生境

寒温性针叶林广泛分布于北半球中、高纬度地区及中纬度地区亚高山地带。根据物种组成和群落外貌特征，寒温性针叶林可分为暗针叶林和明亮针叶林，前者指由云杉、冷杉等常绿针叶树为建群种的森林，色泽墨绿，终年常绿，林地内阴暗；后者指由落叶松和松类等组成的森林，色泽亮绿，生境偏阳，林地内透光较好。根据地貌类型和分布区所处的纬度带，寒温性针叶林可划分为泰加林（taiga）或北方森林和山地针叶林，前者主要分布于北纬50°～55°以北的环北极地区，此界限相当于年均温度为2～3℃等温线；后者分布于中低纬度至中纬度（北纬23°～55°）地区的山地。泰加林分布区的地貌由低山、低矮起伏的丘陵和平原组成，其间河流交错纵横，湿地湖泊广布。泰加林在北美洲和欧亚大陆的中高纬度地区呈现出近乎连续的带状分布格局。山地针叶林呈带状或斑块状生长在山地的阴坡和半阴坡，也可出现在山麓和沟谷地带。寒温性针叶林分布区的热量条件受限，≥10℃的年积温小于1600℃·日；生长期短暂，无霜期约50～100天；冬季漫长，平均气温在 0℃ 以下的时间长达半年；在地质时期为冰川覆盖，现代土层中有永冻层存在。

◆ **主要植被类型**

中国的寒温性针叶林属于山地针叶林类型，广泛分布于中国温带、暖温带和亚热带地区的山地，包括：①东北山地，如大兴安岭、小兴安岭、张广才岭及长白山等。②华北山地，如五台山、燕山、吕梁山、太行山等。③秦巴山地，秦岭、大巴山等。④蒙新山地，如阿尔泰山、天山、祁连山、贺兰山、阴山。⑤青藏高原东缘及南缘山地，包括洮河、白龙江、岷江、金沙江、大渡河、怒江、澜沧江及雅鲁藏布江流域的山地和峡谷。⑥台湾的中央山脉。在植被垂直带谱上，山地针叶林常出现在中高海拔地带，其垂直分布上限即为林线。在纬度方向，山地针叶林垂直分布的海拔上限由北向南逐渐升高，变化幅度 250 ～ 4700 米。

中国西藏东南部寒温性针叶林外貌

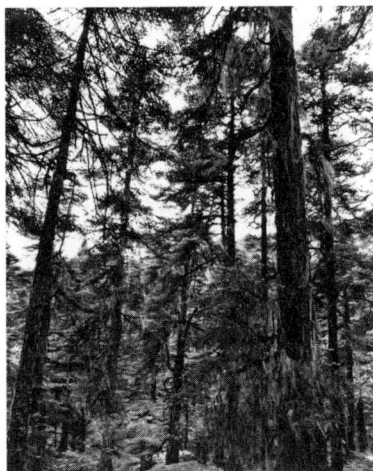

中国西藏东南部寒温性针叶林结构

阿尔泰山北部和大兴安岭北部处在泰加林分布区的南缘，那里生长的针叶林具有泰加林的特征：①具有泰加林的特征种，如兴安落叶松、西伯利亚落叶松、西伯利亚冷杉及西伯利亚云杉等。②具有与泰加林相似的地貌和生境，例如低矮山地、丘陵、河谷阶地，区域内河流纵横，湿地广布。

中国的寒温性针叶林中，以云杉、冷杉为建群种的群系类型有 26 个，以落叶松属植物为建群种的群系有 9 个。

◆ 外貌、结构与组成

寒温性针叶林群落的垂直结构包括乔木层、灌木层、草本层和苔藓层。乔木层的高度在 6 ～ 60 米，绝大多数针叶林乔木层的高度在 15 ～ 35 米。其物种组成较简单，纯林主要由松属、云杉属、冷杉属、落叶松属和圆柏属植物组成；混交林的物种组成复杂，除了上述几类常见的针叶树外，还有桦木科、杨柳科、胡桃科和槭树科的种类。林下灌木的数量特征和物种组成变化很大。在一些群落中或在树冠遮蔽的林下，灌木比较稀疏或无灌木生长。灌木层主要由落叶灌木和常绿灌木两个层片组成，前者包括蔷薇、悬钩子、茶藨子、忍冬、小檗等；后者主要由杜鹃组成，在阿尔泰山北部和大兴安岭北部的针叶林下，常见的常绿小灌木有北极花、越橘等。在暖温带至亚热带山地的寒温性针叶林下，还可能出现竹类层，以箭竹类较为常见。草本层主要由蕨类、根茎类丛生禾草、直立或蔓生杂草以及莲座叶草本等层片组成，种类有薹草、珠芽蓼、堇菜、草莓、酢浆草、鹿蹄草、蹄盖蕨、鳞毛蕨、冷蕨等。苔藓层的盖度变化较大。在一些群落中，苔藓如绿毯状铺散在林地中，林下几乎无灌木和草本生长。苔藓的种类以塔藓、拟垂枝藓、山羽藓、锦丝藓、金发藓、曲尾藓等较常见，可生长在树干、岩壁和林地。

◆ **价值与保育**

寒温性针叶林是江河源头和高海拔地带的重要森林类型，具有生物多样性保育、水源涵养、水土保持和维持生态平衡的重要功能；火灾、风灾、病虫害和森林砍伐是主要的干扰；森林破坏后，自然恢复的时间尺度长达百年以上。森林保育中，要采取禁伐禁牧等措施加强对现有森林的保护，采取人工抚育措施促进宜林地的植被恢复。

白扦林

白扦林是以白扦为建群种或优势种的寒温性针叶林。

◆ **地理分布与生境**

白扦林分布于中国黄土高原的东北部和内蒙古高原的中南部；分布区的东部与东北平原南部及华北平原相邻，西部汇入高原腹地，包括吕梁山脉中北部的关帝山、管涔山、五台山和小五台山，燕山山脉的雾灵山以及白音敖包沙地。地理坐标范围为东经 111°30′～117°20′、北纬 37°30′～43°43′。白扦林分布区呈西南至东北走向的狭带状，纵轴长约 900 千米，横向宽度 30～150 千米，跨越的行政区域包括山西中东部、河北西北部和内蒙古中南部，垂直分布范围为海拔 1200～2700 米。白扦林分布区的气候条件具有暖温带

中国山西芦芽山白扦与华北落叶松混交林外貌

中国山西芦芽山白扦与华北落叶
松混交林结构

季风气候向温带大陆性气候过渡的特征，夏季暖湿的东南季风掠过华北和东北平原后被抬升，形成较丰沛的降水，气候温暖湿润；冬季则受蒙古高压控制，盛行大陆性西风，干燥寒冷，春秋季较短。白扦林分布区土壤以山地棕壤土为主，土壤呈弱酸性至弱碱性。白扦主要生长在山地阴坡和半阴坡，在局部地带可生长在地下水位较高的起伏沙质和壤质丘陵。

◆ 外貌、结构与组成

白扦林群落的垂直结构可划分为乔木层、灌木层、草本层和苔藓层。乔木层和草本层是 2 个稳定的层片，灌木层和苔藓层在特定环境下可能缺失。乔木层中，白扦或为单优种而形成纯林，数量较少；或与多种针阔叶树混生而形成混交林，数量较多，可形成多个群落类型，常见的针阔叶树种有华北落叶松、青扦、臭冷杉、桦等。灌木层的发育程度与乔木层的郁闭度以及干扰状况密切相关，在郁闭度较高且干扰较轻的林下较稀疏，在乔木层稀疏的林下较密集，主要由温性的直立落叶灌木组成，常见有山刺玫、金露梅、毛叶水栒子、刚毛忍冬等。草本层较稳定，由丛生禾草和直立杂草组成，常见有薹草、肾叶鹿蹄草、唐古碎米荠、珠芽蓼等。苔藓层不稳定，呈斑块状，在阴湿的环境下较密集，常见种类有塔藓、山羽藓等。

◆ **价值与保育**

白扦林在 20 世纪中后期曾遭遇森林火灾、病虫害、雪折等自然灾害。1960 年以后经历了择伐作业。现存的森林中，许多是择伐后自然恢复而来的中龄林或中幼林，这类森林在关帝山和管涔山的分布面积较大，森林保育的重点是火灾和病虫害防控，防止盗伐和过牧。在分布区的东北部，白扦林多呈散生状，成片的白扦林已经十分罕见。生长在白音敖包沙地的白扦林数量稀少，处于濒危状态，宜加强保护力度，严格实行封山育林。

落叶松林

落叶松林是以落叶松属植物为建群种的寒温性针叶林，群落的色泽在夏季为亮绿色或浅绿色，冬季落叶，色泽灰黄，生境偏阳，林内透光好，因此又称明亮针叶林。

◆ **地理分布与生境**

落叶松林在北半球温带及寒温带地区广泛分布，纬度跨度大致为北纬 25°～70°，是泰加林和山地针叶林的重要组成部分；在地貌开阔，气候相对干燥的俄罗斯东西伯利亚，可形成大面积的纯林，是核心分布区；在海洋性气候较强的区域，如在欧洲北部和北美洲，落叶松可以混生在云冷杉林中。落叶松林是强阳性针叶林类型，生态幅度较宽泛，在山脊、山谷、山前阶地、沼泽等开阔地上均可生长。

◆ **植被类型**

中国的落叶松林主要分布于大兴安岭、新疆阿尔泰山和东天山、华北山地和青藏高原东缘及东南边缘的高山峡谷区，垂直分布范围大致在 2500～3800米。中国的落叶松林有9个群系类型，建群种包括落叶松、黄花落叶松、西伯利亚落叶松、华北落叶松、红杉、大果红杉、藏红杉、喜马拉雅红杉、怒江落叶松等。落叶松可形成纯林，也可与云、冷杉和杨桦类混交成林。

中国新疆阿尔泰山西伯利亚落叶松林外貌

◆ 外貌、结构与组成

落叶松林群落的垂直结构可划分为乔木层、灌木层、草本层和苔藓层。乔木层或为落叶松纯林，或为混交林。在混交林中，落叶松常位居其他乔木之上。由于林内光照较好，生境偏阳，灌木层较发达，主要由直立落叶灌木组成，常见的种类有忍冬、蔷薇、绣线菊、茶藨子等。在山麓河谷地带，地下水位较高，地表沼泽化较重，林中可出现杜香、越橘等耐阴湿的类型。草本层由蕨类、直立或蔓生杂草、根茎丛生禾草组成，种类有地榆、老鹳草、唐松草、高山露珠草、羊茅、薹草和多种蕨类植物。在透光较好、排水良好的林下，苔藓层不明显；在低湿的林下，特别是沼泽地，苔藓较发达，常见种类有塔藓、大羽藓、大灰藓等。

◆ **价值与保育**

落叶松林是寒温性针叶林的重要成分，适应性强，可以生长在干旱、贫瘠的生境中，自然更新好，对加快山地植被恢复和生态保育意义重大。落叶松生长迅速，造林成活率高，人工林面积较大，是重要的木材资源林。落叶松林森林保育的重点是防止滥砍滥伐，加强森林火灾和病虫害的监控与预防。

云杉林

云杉林是以云杉属植物为建群种或优势种的寒温性针叶林。

◆ **地理分布与生境**

云杉林的分布区范围几乎跨越了北半球中纬度及中高纬度地区的陆地区域。其分布区经向的地理坐标跨度在欧亚大陆为东经5°～155°，在北美大陆为西经165°～53°；纬向跨度在欧亚大陆为北纬22°～70°，在北美大陆为北纬32°～70°；垂直分布范围在0～4700米，从北到南，逐渐升高。云杉林分布区的气候条件以凉润为主要特征，冬季积雪覆盖，夏季温凉湿润。分布区土壤类型以山地棕壤和暗棕壤为主，土壤呈弱酸性至弱碱性，pH为5～8。云杉林群落外貌呈尖塔层叠状，色泽墨绿，是暗针叶林的重要组成成

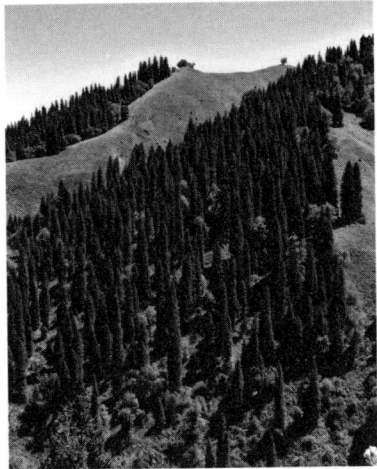

中国天山山脉中段雪岭云杉林外貌

分之一。

中国的云杉林属于山地寒温性针叶林,主要分布于东北、华北、西北、西南和台湾等地的亚高山地带,包括青藏高原东部的高山峡谷区、中东部地区和西北地区隆起的山地以及北部地区局部地带的河谷和沙地;地理分布范围北至大兴安岭北部(北纬 53°15′),南至云南西北部至台湾卑南主山一线(北纬 22°51′),东至长白山(东经 134°),西至中国与塔吉克斯坦交界地带山地的东坡(东经 74°48′)。

中国天山山脉中段雪岭云杉林结构

◆ **群落类型**

在北美大陆,云杉林群落的建群种主要由白云杉、黑云杉、红云杉、恩格曼云杉、西加云杉等组成;在欧洲大陆由西向东,群落的建群种依次为欧洲云杉和西伯利亚云杉,在中纬度地带还会出现东方云杉和雪岭云杉;在东亚,兴安鱼鳞云杉和本州云杉等是群落的优势种。中国云杉林有 15 个群系类型,群落的建群种依次是雪岭杉、西伯利亚云杉、青海云杉、云杉、白扦、红皮云杉、青杆、台湾云杉、紫果云杉、丽江云杉、川西云杉、林芝云杉、麦吊云杉、油麦吊云杉和卵果鱼鳞云杉等。

◆ 外貌、结构与组成

云杉林群落的垂直结构包括乔木层、竹类层、灌木层、草本层和苔藓层，在不同群落间差别较大。例如，雪岭杉林和青海云杉林的一些群落中，仅由乔木层和草本层或苔藓层组成；在麦吊云杉林和紫果云杉林中，群落具有完整的垂直结构。藤本植物、寄生植物和附生植物在分布区偏南的一些群落中较常见，如麦吊云杉林、台湾云杉林等。

乔木层的高度在 6 ～ 60 米，或由单一的云杉组成，或多种针阔叶乔木混生。在中国西南部和台湾地区的云杉林中，林下通常具有竹类生长；在东北、华北和西北地区的云杉林中无竹类生长。灌木层稀疏或密集，蔷薇、悬钩子、茶藨子、忍冬等温性落叶灌木最常见，杜鹃类常绿高寒灌木出现在高海拔地带的林下，冬青、柃木、山矾等暖性常绿灌木出现在亚热带山地云杉林中。草本层由蕨类、直立杂草、根茎丛生禾草和莲座叶匍匐或蔓生杂草组成，薹草、早熟禾、珠芽蓼、堇菜、草莓等最常见。苔藓可生长在树干、岩壁上和林地中。苔藓层的盖度变化较大，在一些群落中，苔藓如绿毯状铺散在林地中；在多数群落中，苔藓层呈斑块状。

◆ 价值与保育

云杉林是北半球中纬度及中高纬度地区陆地区域重要的森林类型，是植被垂直分布带谱中的重要组分，在生态安全保障、生物多样性保育和环境保护等方面具有重大意义；在 20 世纪中后期云杉林经历了较重的采伐，中国的云杉原始森林较少，森林保育和植被恢复任重道远，原始森林要严格实行禁伐禁牧，次生林要加强人工抚育和结构优化的力度。

冷杉林

冷杉林是以冷杉属植物为建群种或优势种的寒温性针叶林，群落的色泽终年墨绿，外貌呈千塔层叠状，林冠郁闭度大，林内阴暗，是暗针叶林的主要类型之一。

◆ 地理分布与生境

冷杉林分布于北半球温带地区，包括北美洲、中美洲、欧亚大陆和非洲北部等地。冷杉林的地理分布区与云杉林有重叠，二者均是适应阴冷生境的类型，但前者适应偏湿偏暖的生境，后者则适应偏干偏冷的生境。从水平分布看，在寒冷的环北极地区，云杉林有广泛的分布，冷杉林则较少或不出现；在中国的天山山脉、祁连山、贺兰山、大青山等地，云杉林有广泛分布，冷杉林则完全不见踪迹；在暖湿的中纬度和中低纬度地区的山地，冷杉林分布较广泛，云杉林则较少。从垂直分布看，由于海拔越高气候越湿冷，冷杉林的垂直分布范围通常位于云杉林之上，这种现象在暖温带至亚热带山地非常明显；在青藏高原高山峡谷区的西北部，由于高原面的总体抬升，高海拔地带也较干旱，云杉、冷杉林的垂直分布范围出现倒置现象，即云杉林在上而冷杉林在下。

中国冷杉林的分布中心位于青藏高原东南部高山峡谷区以及横断山脉地区，群落类型复杂，分布面积大。此外，在新疆阿尔泰山，东

中国云南西北部（大雪山）冷杉林外貌

北的长白山、小兴安岭和张
广才岭，华北的五台山、小
五台山，秦巴山地，广西东
北部的元宝山，贵州东北部
的梵净山，湖南南部山地，
江西西部的井冈山和台湾中
央山脉等地，也有冷杉林分

中国云南西北部（大雪山）冷杉林结构

布，其主要生长在地形相对封闭的生境中。冷杉林的垂直分布范围在
300～4300米，区域间差别较大，总体趋势从北到南，垂直分布范围
逐渐升高；冷杉林要求温凉湿润的气候条件，土壤类型以山地棕壤、暗
棕壤为主，土壤 pH 为 5～8，呈弱酸性至弱碱性。

◆ **群落类型与结构**

中国冷杉属植物有 22 种，多数种类可形成各自的森林类型，一些
常见冷杉林的建群种包括臭冷杉、西伯利亚冷杉、巴山冷杉、岷江冷杉、
黄果冷杉、紫果冷杉、长苞冷杉、急尖长苞冷杉、鳞皮冷杉、苍山冷杉、
冷杉、川滇冷杉、台湾冷杉等。

冷杉林的群落垂直结构
包括乔木层、竹类层、灌木层、
草本层和苔藓层。在一些群
落中，由寄生植物和攀缘植
物等组成的层间植物也较发
达。乔木层或由单一的冷杉

中国湖北神农架巴山冷杉林外貌

组成或多种针阔叶乔木混生，高海拔地带以纯林为主，中低海拔地带为混交林。混交林中除了冷杉外，常见种类有云杉、铁杉、落叶松、松以及桦木、槭、椴树等。竹类层只出现在部分群落中。灌木层的物种组成与海拔有关：在高海拔地带，灌木层主要由杜鹃类常绿灌木和忍冬、蔷薇等落叶灌木组成；在偏南的中低海拔地带，林下还会出现多种暖性灌木，包括荚蒾、白珠、吊钟花、冬青、枹木等。草本层由蕨类、根茎丛生禾草、直立或蔓生杂草组成，种类有薹草、堇菜、草莓、酢浆草、露珠草、鹿蹄草、鳞毛蕨、冷蕨等。苔藓可生长在树干、岩壁上和林地中，常见有拟垂枝藓、山羽藓、尖叶青藓、大羽藓、锦丝藓等。苔藓层的盖度变化较大，在一些群落中苔藓如绿毯状铺散在林地中；在多数群落中，苔藓层呈斑块状。

◆ 价值与保育

冷杉林是亚高山地带的重要森林类型，在涵养水源、保持水土、生物多样性保育和环境保护等方面具有重要作用。冷杉林由于垂直分布较高，工业采伐量较少，在高海拔地带尚有一定数量的原始森林，放牧、旅游、采摘等活动对林下植被生长和森林更新的影响较大，要加强管理和引导，防止盗伐、过牧和踩踏。

长苞冷杉林

长苞冷杉林是以长苞冷杉为建群种或优势种的寒温性针叶林。

◆ 地理分布与生境

长苞冷杉林分布于青藏高原东南缘及横断山脉的中南部，包括西藏

中国云南白马雪山长苞冷杉林外貌

东南部、云南西北部和四川西南部，生长在山地的阴坡和半阴坡，垂直分布范围为3000～4300米。长苞冷杉林分布区处在高山峡谷区，暖湿气流在抬升过程中形成降水，气候条件低温阴湿，多云雾。林内阴冷潮湿，地表松软，腐殖质层厚，土壤为山地棕壤土。

◆ **外貌、结构与组成**

长苞冷杉林群落外貌呈现千塔层叠状，树体挂满松萝。在海拔3000～3800米的范围，乔木层为由长苞冷杉、丽江云杉、林芝云杉、大果红杉等组成的混交林，树高可达35米；在海拔3800～4300米的范围，为长苞冷杉纯林，树高10～15米；假乳黄杜鹃、大白杜鹃、樱、花楸等是小乔木层的常见种。在林窗地带，地表苔藓较薄，有密集的冷杉幼树幼苗生长。灌木层由杜鹃类常绿灌木和峨眉蔷薇、茶藨子、忍冬等落叶灌木组成；在一些生境中，林下有箭竹生长，可形成一个优势层片。草本层由根茎葱类、丛生禾草、蕨类、直立杂草和莲座圆叶系列草本组成，卵叶山葱、紫羊茅、疏花剪股颖、西

中国云南白马雪山长苞冷杉林结构

南草莓、四川堇菜、露珠草和鳞毛蕨较常见。林下苔藓层密集松软，厚度 10 ～ 15 厘米，常见种类有毛梳藓、锦丝藓、山羽藓、大羽藓等。

◆ 价值与保育

长苞冷杉林是重要的用材林、水源涵养林和水土保持林，砍伐、放牧是主要的干扰类型。在中海拔地带（3000 ～ 3600 米）对长苞冷杉林的采伐较重，林相不整齐；海拔 3800 米以上，采伐较轻，长苞冷杉林基本处于原始森林状态。长苞冷杉林森林保育的重点是严格实行禁伐，防止过牧。

圆柏林

圆柏林是以刺柏属中针叶基部下延、无关节的类型为优势种或建群种的寒温性针叶林，在以前的植物分类专著中，这类植物被处理为一个独立的属，即圆柏属。

◆ 地理分布与生境

圆柏林广泛分布于北半球中高纬度区域，分布区最北端可达北极圈，向南可达热带非洲至美洲中部一线，垂直分布范围 200 ～ 4900 米；分布于青藏高原南部喜马拉雅山地的圆柏林是世界上垂直分布最高的森林之一，可称为世界的林线屋脊。在中国境内，圆柏林主要分布于青藏高原东北边缘的祁连山以及高原东部及东南部的高山峡谷区，垂直分布范围为 2800 ～ 4900 米；具有适应寒冷、干旱和耐土壤瘠薄的习性，主要生长在山地阳坡，在云杉林、冷杉林垂直分布的上限地带可形成稀疏低矮的纯林，森林上限与高山灌丛交汇。圆柏林适应低温、干旱的气候，分布区土壤为山地褐土或棕褐土，土层中多砾石，pH 为 6～8。

◆ **植被类型**

中国的圆柏林有 6 个类型，建群种分别是：①大果圆柏，分布于横断山脉，海拔 3000～4800 米。②祁连圆柏，分布于祁连山，分布区呈西北至东南走向，最南部可延伸至岷山山地，海拔 2600～3800 米。③方枝柏，分布于青藏高原东缘的高山峡谷区，海拔 2400～4300 米。④垂枝香柏，分布于横断山脉南部地区，海拔

中国祁连山北坡祁连圆柏林外貌

3000～3500 米。⑤塔枝圆柏，分布于四川西部的大渡河、雅砻江流域上游，海拔 3200～4300 米。⑥垂枝柏，分布于云南西部，海拔 2900～3200 米。

◆ **外貌、结构与组成**

圆柏林群落外貌稀疏、低矮，呈灰绿或暗绿色，树冠呈浑圆尖塔状，老树则开阔圆钝，枝干扭曲苍劲。群落的垂直结构可划分为乔木层、灌木层和草本层。乔木层通常低矮稀疏，高度常不足 15 米。灌木层由高寒或温性灌木组成，包括杜鹃类常绿灌木，锦鸡儿、高山绣线菊、金露梅、忍冬等落叶灌木等；在一些群落中还有箭竹生长。草本层由丛生禾草、直立和蔓生杂草以及蕨类组成，包括早熟禾、糙野青茅、高山露珠草、乳白香青、鳞毛蕨等。

◆ **价值与保育**

圆柏林生长在环境严酷的高山、干旱阳坡及河谷地带，对水土保持和水源涵养具有重要作用。圆柏个体尖削度大，出材率低。在寺庙附近，常常保存有林龄达数百年的圆柏林（又称神林）；在低海拔及河谷地带，人类砍伐和放牧较重，宜禁伐禁牧，加大保育力度。高山地带的圆柏林多呈低矮的灌丛状，基本保持了原始状态。

大果圆柏林

大果圆柏林是以大果圆柏为建群种或优势种的寒温性针叶林。

◆ **地理分布与生境**

大果圆柏林分布于中国四川西部、西藏东南部、青海南部和甘肃西南部，垂直分布范围 2700～4800 米，生长在地形开阔的山地阳坡、半阳坡以及河谷地带；常与生长在阴坡半阴坡的川西云杉林、紫果冷杉林、鳞皮冷杉林和岷江冷杉林等镶嵌分布；垂直分布的上限与高山灌丛和草甸交汇，下限汇入河谷阳坡灌丛；适应低温、干旱、多风、强辐射的环境，分布区土壤为山地碳酸盐棕褐土，呈弱碱性。

◆ **外貌、结构与组成**

大果圆柏林群落外貌呈暗绿色，乔木层稀疏低矮，郁闭度小于 0.5，结构简单，由大果圆柏单种组成纯林或与其他针阔叶树混交成林。灌木层稀疏，常呈团块状生长在林下，由阳性耐旱落叶灌木组成，包括川西锦鸡儿、栒子、忍冬、蔷薇等。草本层较密集，种类以山地草原和高山草甸的成分居多，包括薹草、蒿类、委陵菜、火绒草等。由于林内干燥通透，苔藓不明显。

◆ 价值与保育

大果圆柏林是中国垂直分布海拔最高的针叶林，具有水源涵养和水土保持的重要功能，对揭示环境变化和植被迁移具有重要科学价值。

中国四川西部大果圆柏林外貌

大果圆柏树干尖削度大，分枝密集，出材率低，利用价值不大，是适于生态保育的森林类型，要防止过牧，加强火灾和病虫害的监控和防治。

温性针叶林

温性针叶林是以松属植物、兼有其他针叶树种为建群种或优势种，适应温性气候的针叶林。

◆ 地理分布与生境

温性针叶林分布于温带低山、暖温带平原和丘陵以及亚热带山地的中、高海拔地带。在中国境内，温性针叶林主要分布于青藏高原以东的山地，包括祁连山脉东段、贺兰山、大青山，东北丘陵和华北山地，东南达台湾山地，西南达云南西北部的干热河谷，垂直分布范围500～3600米。在西北地区东部、华北及东北，温性针叶林主要生长在低海拔地带的山坡和河谷；在秦岭以南地区，主要生长在山地中上部；在西南干热河谷地带，垂直分布范围位于河谷灌丛与高山栎林之间。温

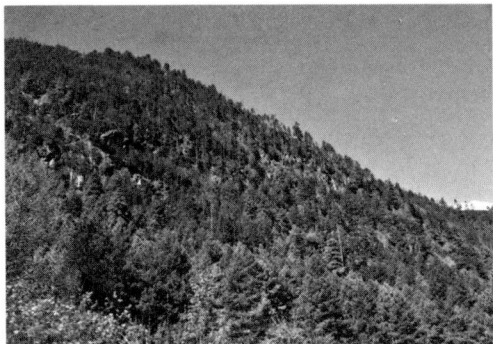

中国西藏东南部华山松、高山松林外貌

性针叶林分布区的年平均气温为 2～15℃，≥10℃的年积温为 1600～4500℃·日，生长期 100～200 天，年降水量 300～2000 毫米。温性针叶林的土壤类型包括中性或石灰性的灰褐土和棕色森林土、中性和偏酸性的山地黄棕壤和山地棕色土等。

◆ 植被类型

中国松林约有 10 个群落类型，包括：①油松林，分布于中国温带、暖温带至亚热带丘陵至中山地带，海拔 1000～2700 米，人工林面积较大。②华山松林，分布于暖温带南部山地，西藏东南部、云南西北部、秦巴山区至亚热带西部山区，海拔 1000～3400 米。③白皮松林，分布于暖温带及亚热带的中低山区，海拔 500～1850 米。④赤松林，分布于东部沿海地区，包括辽东半岛南部、山东半岛以及吉林图们江和鸭绿江流域，海拔在 700 米以下。⑤长白松林，分布于长白山。⑥巴山松林，分布于亚热带西部的大巴山、巫山、鄂西山地至陕西南部山地，海拔 1100～2100 米。⑦台湾松林，分布于华东、华中及台湾地区，海拔 800～1400 米。⑧高山松林，分布于川西、滇西北和藏东的高山峡谷地带，海拔 2400～3600 米。⑨乔松林，分布于喜马拉雅山地南坡，海拔 1000～3300 米。⑩西藏长叶松林，仅见于西藏基隆南部的河谷地带，海拔 1800～2300 米。

其他温性针叶林有铁杉林、侧柏林、金钱松林、柳杉林、黄杉林等，在台湾山地的中海拔地带还有红桧林和台湾扁柏林。铁杉林分布范围较广，在秦岭以南、青藏高原以东、广东广西以北、台湾以西的广大区域均有分布，常生长在山地中、低海拔地带，海拔 1000 ～ 3500 米。侧柏林主要分布于华北石灰性土质的平原、丘陵及低山。金钱松在湖南新化和南岳可形成小片原始林，也有一定数量的人工林。柳杉的天然林仅见于江西东部武夷山、海拔 1300 ～ 2000 米的中山，人工林较多。黄杉林分布于云南东北部、贵州西北部、湖南西部、四川东部、湖北西部，生长在山地海拔 500 ～ 1000 米的环境中，常混生在针阔混交林中，在局部地带为群落的优势种。

◆ 外貌、结构与组成

温性针叶林群落的垂直结构可划分为乔木层、灌木层和草本层，每一个层又可划分出若干亚层。乔木层高度可达 50 ～ 60 米；物种组成的复杂程度与群落类型有关，侧柏林和部分松林的物种组成较单纯，而其他类型较复杂；除了上述优势种外，还有多种温性落叶阔叶乔木混生，包括栎、椴、杨、桦、槭、黄连木、水青冈等。灌木层高 1 ～ 3 米，主要由温性落叶灌木组成，包括胡枝子、绣线菊、忍冬、栒子、六道木、荚蒾、小檗等。草本层高度达 60 厘米，根茎丛生禾草、直立杂草和蕨类较常见，包括薹草、莎草、蒿、紫菀、沿阶草、委陵菜、马先蒿和多种蕨类植物。

◆ 价值与保育

温性针叶林在 20 世纪中后期经历了大规模的采伐，原始森林保存面积较少。温性针叶林适应性强,耐瘠薄土壤,自然更新良好,人工林面积较大。在适宜的环境中,温性针叶林生长迅速,干形通直,可培育为用材林,一些类型是常绿阔叶林被破坏后植被恢复的先锋针叶林。在温性针叶林的森林保育中,在重点区域要设立自然保护区,实行严格的封山育林,在林区要引导和培育环境友好型的经济发展模式。

油松林

油松林是以油松为建群种或优势种的温性针叶林。

◆ 地理分布与生境

油松林分布于中国阴山山脉至大兴安岭南端一线以南,祁连山东段至贺兰山一线以东,秦巴山地至淮河流域以北的广大区域,垂直分布范围500 ～ 2200 米。油松林处在暖温带半干旱至半湿润气候区,常生长在山地阳坡、半阳坡和河谷地带,分布区土

中国贺兰山油松林外貌

壤为花岗岩母质上发育起来的棕色森林土,呈酸性反应。在亚热带北部山地,油松林可生长在石灰岩、变质岩及砂岩等基质上发育的山地棕壤上,土壤呈酸性至微酸性。

◆ 外貌、结构与组成

油松林群落的外貌因群落的发育阶段、环境条件和干扰状况而异。

在土层深厚，水热条件较好
的生境中，油松林群落色泽
墨绿，树干通直，树冠整齐；
在土层瘠薄的石质山地，林
冠稀疏，树冠开阔，树体低
矮，枝干扭曲。乔木层郁闭
度 0.2～0.8，高度 6～20 米。

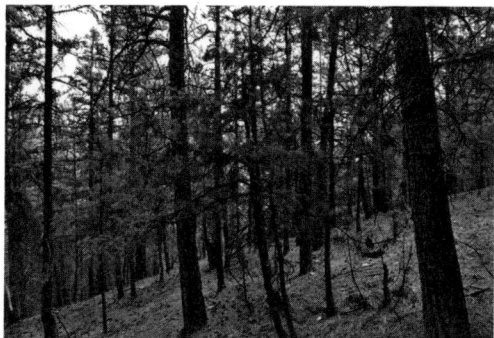

中国贺兰山油松林结构

在分布区的西部及北部，油松林多为纯林。例如在贺兰山，油松林群落
结构简单，外貌整齐，林中或有杜松、山杨等混生。在分布区的中部和
南部，乔木层有多种针阔叶树混生，常见种类有青扦、华山松、白桦、
槭、椴、青冈、栎等。在混交林中，油松居大乔木层，其他树种位居中、
小乔木层。灌木层高度达 250 厘米，主要由温性落叶灌木组成，包括胡
枝子、绣线菊、栒子、黄栌、照山白等。草本层高度达 50 厘米，主要
由根茎类丛生禾草和直立杂草组成，包括黄背草、白羊草、薹草、香薷、
蒿等；在分布区北部及西北部，林下可见到羊草、隐子草等；在亚热带
山地的油松林中，林下有五节芒、落新妇等。

◆ **价值与保育**

油松林适应性强，耐干旱气候和瘠薄土壤，抗性强，材质优良，广
泛用于荒山造林和园林绿化。油松林人为破坏较重，在寺庙附近或名山
风景区尚有小片的油松原始森林，宜加强保护，防止盗伐和过牧。油松
人工林面积大，以华北为分布中心，多为中幼林，需要进行人工抚育，
逐步优化群落的组成和结构。

台湾松林

台湾松林是以台湾松为建群种或优势种的温性针叶林。

◆ 地理分布与生境

台湾松林分布于中国湖北、湖南和江西一线以东区域，包括台湾、福建、浙江、江西、安徽、湖南和湖北等地。台湾松林分布区的气候属于亚热带季风气候，但台湾松主要生长在海拔 700 ～ 2000 米的山地，气候温凉湿润。分布区土壤类型为山地黄壤或黄棕壤，pH 为 4.5 ～ 5.5。

◆ 外貌、结构与组成

台湾松林乔木层高度达 35 米；在地形开阔偏阳、土壤贫瘠的环境中，可形成纯林；在土层深厚的山坡或谷地，可与多种常绿和落叶阔叶树混交成林，包括栎、桦、水青冈、石灰花楸等。灌木层高度达 150 厘米，由常绿和落叶灌木组成，常见有马银花、山矾、锦带花、胡枝子、榛、茶。草本层高度达 50 厘米，由直立或蔓生杂草、丛生禾草和蕨类植物组成，常见有紫菀、一枝黄花、前胡、求米草、鹿蹄草、大油芒、五节芒、黄背草以及蕨、芒萁等多种蕨类植物。

◆ 价值与保育

在土层深厚、排水良好的生境中，台湾松树干通直，生长迅速，可形成外貌整齐的松林。台湾松适应性较强，生长在悬崖陡壁上的个体，树体低矮，枝干粗壮平展，树冠旗状，具观赏性。例如，安徽黄山的迎客松、黑虎松和蒲团松均是台湾松在特定生境下形成的观赏类型。台湾松林是中国华中和华东地区山地重要的森林类型，在 20 世纪中后期经历了大规模的采伐，原始森林保存面积较少，要实行严格的保育措施，封山育林；人工林数量较多，要防止滥砍滥伐，加强对火灾和病虫害的防控。

侧柏林

侧柏林是以侧柏为建群种或优势种的温性针叶林。

◆ 地理分布与生境

侧柏林分布于中国西北地区东部、西南地区东北部、华北和东北地区南部，以及朝鲜半岛和俄罗斯远东地区，垂直分布范围 300 ~ 3300 米。侧柏林适生于温带半干旱区至暖温带半湿润区，年均温度 2 ~ 14℃，年均降水量 300 ~ 1000 毫米；生长在石质和黄土质山地和丘陵，在阴坡、半阴坡和阳坡均可生长；土壤类型包括棕色森林

中国北京天坛公园的侧柏林

土、褐色土、黄棕壤、黄壤和红壤，适应酸性、中性、碱性土和轻度的盐土。侧柏的栽培历史悠久，地域范围较广，山东和河南的人工侧柏林面积最大。在城市公园、村庄、庙宇和墓地周围常有小片的侧柏林，不乏树龄达数百年的古树。

◆ 外貌、结构与组成

侧柏林群落外貌受生境影响较大。在悬崖和岩石裸露等石质山坡上，侧柏林群落稀疏低矮；在土层深厚的黄土丘陵地区，树冠高耸，林冠郁

闭。侧柏林群落垂直结构包括乔木层、灌木层和草本层。乔木层高度通常 3 ~ 12 米，个别高达 20 米，侧柏为单优势种，或与多种针阔叶乔木组成共优势种，包括华山松、白皮松、刺柏、栎、榆、黄连木等。灌木层高度达 250 厘米，主要由温性喜光灌木组成，常见有虎榛子、绣线菊、胡枝子、荆条、酸枣等。草本层高度达 50 厘米，由丛生禾草和杂草组成，常见有薹草、黄背草、白羊草、蒿等。

◆ 价值与保育

侧柏结实量大，更新良好，耐干旱瘠薄，生态幅度较宽，适应性强，是黄土高原沟壑区、华北石灰岩山地重要的造林树种，也是重要的园林绿化树种。侧柏林在国土绿化和环境保护等方面具有重要作用。自然状态下的侧柏疏林，要防止盗伐和过牧；人工林要注重后期管理，提高保存率。

暖性针叶林

暖性针叶林是以松属植物和杉木等多种暖性针叶树为建群种或优势种，适应亚热带暖湿气候的针叶林。

◆ 地理分布与生境

暖性针叶林分布于美洲、澳大利亚北部、东南亚、印度北部和西亚的亚热带地区，生长在亚热带低山、丘陵和平原区。在中国境内，暖性针叶林主要分布于秦岭淮河一线以南、青藏高原东南部以东的广大区域，可生长在山地阴坡、半阴坡、阳坡，丘陵山麓、河谷、河流两岸以及湿地，垂直分布范围海拔 300 ~ 3000 米。暖性针叶林分布区气候条件温

暖湿润，相对湿度高，夏季炎热，冬无严寒，年平均温度 15 ～ 22℃，
≥ 10℃的年积温为 4500 ～ 7500℃·日，年均降水量 800 ～ 1800 毫米。
分布区土壤类型有山地黄壤、黄褐土、黄棕壤、红壤、红色石灰土、钙
质紫色土等，在酸性、中性和碱性土壤上均能生长，不同的土壤对应不
同的群落类型。

◆ 植被类型

暖性针叶林分布区属常绿阔叶林区域，群落类型丰富，纯林较少，
混交林居多。根据优势种的生活型，暖性针叶林可以划分为亚热带落叶
针叶林和亚热带常绿针叶林，前者的优势种包括水杉和水松；后者群落
类型丰富，优势种包括马尾松、云南松、乔松、思茅松、油杉、铁坚油
杉、云南油杉、杉木、银杉、柏木、巨柏等。

◆ 外貌、结构与组成

暖性针叶林群落的外貌高耸整齐，层次分明，色泽葱绿。建群种的
针叶通常扁平、排成两列、外观优美，叶物候有常绿和落叶之分。

暖性针叶林群落的垂直结构可划分为乔木层、灌木层和草本层。乔
木层高达 40 米，具有复层异林龄结构，可划分出若干个亚层；物种组
成丰富，建群种主要来自松属、黄杉属、银杉属、柏木属、扁柏属、福
建柏属、杉木属、陆均松属等；常见的阔叶树包括栎、青冈、栲、木荷、
黄檀、枫香树、化香树等。灌木层高度达 300 厘米，由热带、亚热带地
区的常绿和落叶灌木组成，包括山胡椒、杜鹃、柃、蔷薇、冬青、荚蒾、
山矾等。草本层高度可达 50 厘米，主要由丛生禾草和蕨类植物组成，
常见种类有白茅、芒、油芒、芒萁、里白、狗脊等。

◆ 价值与保育

暖性针叶林在 20 世纪中后期经历了较重的采伐，因而保存的原始森林非常稀少，仅在一些村庄或寺庙附近可见到小片原始森林，绝大多数区域为次生林。暖性针叶林中许多物种的生态幅度宽泛，适应性强，是亚热带地区荒山荒地植被恢复的先锋树种，人工林面积较大。对原始森林要实行严格的保育措施，禁止任何形式的干扰；对次生林要进行人工抚育，逐步优化其结构，防止复垦和放牧。

云南松林

云南松林是以云南松为建群种或优势种的暖性针叶林。

◆ 地理分布与生境

云南松林分布于中国青藏高原东南缘和云贵高原各省区，包括西藏东南部、广西、贵州、云南和四川西南部，地理坐标北纬 23°～29°，东经 98°30′～106°30′，垂直分布范围在 400～3100 米。云南松林分布区气候条件属亚热带高原季风气候，冬季温暖干燥，夏季凉爽湿润。云南松林适应干热生境，主要生长在山地阳坡、山麓及河谷，土壤类型有山地红壤、山地红棕壤、黄壤、紫色土、棕色森林土等，呈酸性至中性。

◆ 外貌、结构与组成

云南松林乔木层高度达 30 米，由云南松单优势种群组成，或与其他针阔叶树混交，包括油杉、华山松、高山栲、黄毛青冈、锥连栎等。在纯林下，灌木层通常不明显；在混交林下有明显的灌木层，高度达

250 厘米，由热性的常绿灌
木和落叶灌木组成，包括珍
珠花、杜鹃、越橘、火棘、
铁仔、水红木、马桑等。草
本层高度达 50 厘米，丛生禾
草占优势，包括四脉金茅、
旱茅、野古草、假俭草等。

中国云南哈巴雪山云南松与丽江云杉
混交林外貌

◆ 价值与保育

　　云南松林适应性强，耐瘠薄土壤，自然更新良好，是云贵高原干旱
贫瘠生境中的优势群落，也是常绿阔叶林破坏后植被恢复的先锋植被。
云南松人工林面积较大，生长迅速，是重要的用材林。在云南松林的森
林保育中，要加强火灾和病虫害的监控和防治；采取合理的森林抚育管
理措施，防止滥砍滥伐。

马尾松林

马尾松林是以马尾松为建群种或优势种的暖性针叶林。

◆ 地理分布与生境

　　马尾松林广泛分布于中国亚热带地区，包括秦岭、伏牛山、淮河一
线以南，广西百色和雷州半岛北部一线以北，四川青衣江流域一线以东
的广大区域，在台湾也有分布，生长在海拔 1000 米以下的低山丘陵区。
马尾松林适应温暖湿润的气候，分布区年均温度 14 ～ 21℃，年均降水
量 800 ～ 1800 毫米，冬季有短期低温与霜冻；土壤为酸性基岩发育的

黄褐土、黄棕壤、黄壤和红壤，pH 为 4.5 ~ 6.0，不耐盐碱，要求排水良好的地形环境。

◆ 外貌、结构与组成

马尾松林外貌疏散，色泽翠绿，层次分明。乔木层高度达 20 米，由马尾松与多种落叶阔叶树、常绿阔叶树组成，包括栎、青冈、栲、木荷、枫香树等。灌木层由落叶灌木和常绿灌木组成，包括杜鹃、柃、蔷薇、山矾等。草本层主要由丛生禾草和蕨类植物组成，常见种类有野古草、香茅、鸭嘴草、菅、狗脊、金星蕨、毛蕨、石松。

◆ 价值与保育

马尾松林是阳性针叶林，耐瘠薄，在植被恢复过程中可形成先锋群落，人工林面积较大。马尾松是松脂生产的主要树种，其产出的松脂约占中国松脂产量的 90%。马尾松林 20 世纪中后期经历了过度采伐和樵采，存留的多为次生林，原始森林罕见。要采取合理的抚育管理措施，优化次生林结构，促进马尾松林植被恢复进程。

杉木林

杉木林是以杉木为建群种或优势种的暖性针叶林。

◆ 地理分布与生境

杉木林分布于中国秦岭淮河以南各省、自治区，包括甘肃南部、陕西南部、河南西南部、四川、云南、贵州西部、湖北、湖南、江苏、浙江、江西、安徽、福建、广东、广西、海南和台湾，在柬埔寨、老挝和越南北部也有分布，垂直分布范围 200 ~ 2800 米。杉木林适应温暖湿润的亚热带气候，分布区年均温度 18 ～ 20℃，年均降水量 1400 ～ 1800 毫米；在土层深厚肥沃、排水良好的山谷生长良好，土壤类型以酸性红黄壤、山地黄壤和黄棕壤为主，在石灰性土壤上生长不良。

◆ **外貌、结构与组成**

杉木林乔木层高度达 25 米，杉木或形成纯林，或与多种针阔叶树混交成林，常见种类有马尾松、化香树、青冈等。灌木层高度达 250 厘米，由热性常绿灌木和落叶灌木组成，常见种类有柃、山茶、杜茎山、朱砂根、九管血、鼠刺等。草本层高度达 100 厘米，蕨类和丛生禾草类占优势，包括狗脊、金毛狗蕨、卷柏、鳞毛蕨、五节芒、白茅、蔓生莠竹等。藤本植物种类丰富，常见有菝葜、三叶木通、鸡血藤、

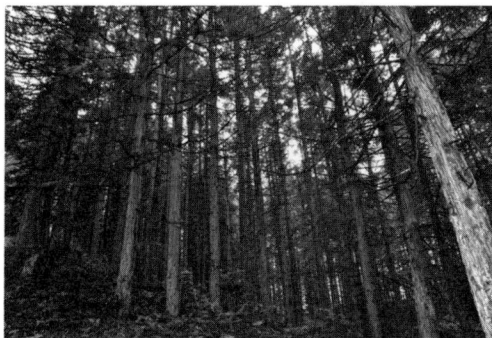
中国湖南舜皇山杉木林的结构

野木瓜、木防己和流苏子等。杉木人工林主要是纯林，林下灌木和草本的物种组成和结构不稳定。

◆ **价值与保育**

杉木林是中国南方重要的用材林，生长迅速。在中亚热带山麓缓坡和宽阔沟谷，土壤湿润深厚，杉木 7 年即可成材，平均胸径可达 18 厘米。杉木材质优良，耐腐蚀虫蛀，易于加工，是重要的建筑和加工用材。杉木人工林居多，天然林少见。杉木林的保育应加强火灾和病虫害的监控和防治，杜绝滥砍滥伐；采取合理的森林抚育经营技术，提高森林的健

康水平，以发挥其综合功能。

柏木林

柏木林是以柏木属植物为建群种或优势种的暖性针叶林。

◆ 地理分布与生境

柏木林分布于中国华中及西南各省、自治区，海拔 300～3000 米，适应暖温带和亚热带气候，不耐严寒，耐一定程度的干旱，常生长在低山丘陵以及中国西南部干热河谷两侧的山坡，适宜石灰性的土壤。

◆ 植被类型

柏木林根据群落优势种的不同，可划分为柏木林、干香柏林、巨柏林等群落类型。

柏木林

柏木林分布于甘肃南部、陕西南部、四川东部、贵州东部、广西北部、广东北部、湖北西南部、湖南西部、江西、福建和浙江，垂直分布范围海拔 300～2000 米。乔木层高度 8～35 米，由柏木和多种常绿和落叶阔叶树组成，常见种类有栎、乌桕、青冈、黑壳楠、黄樟、女贞、榉树等。灌木层由热性常绿灌木和落叶灌木组成，常见有冬青、荚蒾、火棘、南天竹、金丝桃、光叶海桐、黄荆等。草本层由根茎葱类、丛生禾草、杂草和蕨类组成，常见有薹草、芒、凤尾蕨、狗脊、禾叶山麦冬、黄精等。

干香柏林

干香柏林分布于贵州、四川西南部、云南中部及西南部、西藏东南部，垂直分布范围 1400～3300 米。乔木层高度 6～25 米，优势种为干香柏，呈疏林状。灌木层常见种类有铁仔、小檗、蔷薇、笼子梢等。草本层中，地被植物以白茅、芒较普遍，阴湿处可见华槲蕨、薹草等。

巨柏林

巨柏林分布于西藏东南部，生长在雅鲁藏布江中游及其支流尼洋河河谷的局部地段，垂直分布范围 3000 ~ 3400 米。乔木层高度 6 ~ 10 米，由巨柏组成，呈疏林状纯林。灌木层稀疏，由落叶小灌木组成，常见种类有小叶香茶菜、蒿和鬼箭锦鸡儿。草本层稀疏，由丛生禾草、杂草和蕨类组成，常见种类有早熟禾、香青、马先蒿、丛茎滇紫草、薹草、槲蕨、卷柏等。

◆ 价值与保育

柏木材质优良，开发利用历史悠久，原始森林罕见，宜加强保护，特别要防止盗伐和过牧。在寺庙或村镇附近尚有小片的护寺林、护村林或分水林，其中不乏数百年以上的古树，树高达 30 米，胸径 3 ~ 5 米。在干热河谷地带可以见到稀疏的柏木林或散生的个体。在大渡河上游及岷江上游干热河谷地带，有岷江柏木疏林。

热性针叶林

热性针叶林是以热带地区生长的多种松为建群种或优势种的针叶林。

◆ 地理分布与生境

热性针叶林分布于中美洲、南美洲、东南亚、南亚、澳大利亚北部等热带地区，生长在低山、丘陵、岛屿和平原。在中国境内，热性针叶

澳大利亚东北部热性针叶林外貌

林主要分布于海南岛、雷州半岛、广东南部和广西东南部，垂直分布范围 0 ～ 800 米。热性针叶林分布区气候炎热多雨，≥ 10℃的年积温 7500℃·日以上，年均降水量 1500 ～ 2400 毫米。分布区土壤是由砂岩、页岩或千枚岩发育而成的砖红壤性红壤。海南五针松林是热性针叶林的典型植被类型。

◆ **外貌、结构与组成**

热性针叶林群落优势种包括加勒比松、湿地松、火炬松、热带松等，分为纯林和混交林，后者多为松栎林，但群落结构复杂，通常为复层结构，物种多样性高，林冠层郁闭度大。以海南五针松林为例，纯林的乔木层郁闭度达 0.8，高度 12 ～ 25 米；林下灌木稀疏，草本层主要由丛生禾草和杂草组成，常见种类有华须芒草、短梗苞茅、黄茅、六棱菊、拟艾纳香、飞机草等。在混交林中，海南五针松和枫香树组成大乔木层；中、小乔木层还有多种常绿和落叶阔叶树混生，包括麻栎、毛叶青冈、厚皮树、乌楣栲、谷木等。灌木层由常绿灌木和落叶灌木组成，常见直立灌木有野牡丹、朱砂根、山芝麻、毛排钱树、岗松等，攀缘灌木有毛瓜馥木等。草本层常见种类有毛俭草、纤毛鸭嘴草等。

◆ **价值与保育**

热性针叶林是热带地区重要的植被类型，也是生物多样性较高的针叶林类型，是许多鸟类、昆虫、无脊椎动物和脊椎动物的栖息地，火灾、风灾等是主要的干扰，也是森林更新的主要驱动因素。人类刀耕火种的农业开发历史，对热带植被造成了严重的破坏。中国海南五针松林喜光，耐瘠薄土壤，是中国热带山地丘陵植被恢复过程中的先锋植被，在早期阶段可形成纯林，阔叶树入侵后海南五针松更新困难，后逐渐发展为针阔混交林，植被恢复持续的时间可达百年。海南五针松造林成活率高，生长迅速，耐干旱、瘠薄、高温、火烧、海洋咸风；材质优良，松脂产量大、品质好，是热带地区工业用材林和特用经济林。

澳大利亚东北部热性针叶林结构

在热性针叶林的森林保育中，须加强火灾、生物入侵和病虫害的监控和防治；退耕还林，防止滥砍滥伐、垦殖和过牧。

第 2 章

阔叶林

    阔叶林是由阔叶树种构成的植物群落，是森林植被的主要类型，在植被分类中属植被型组。阔叶林有冬季落叶的落叶阔叶林（又称夏绿林）和四季常绿的常绿阔叶林（又称照叶林）等主要类型，热带雨林通常称为雨林。阔叶林一般由种子植物中的双子叶植物组成，因叶片面积、形状不同而区别于针叶林。从生物量、生物多样性和地球生物化学循环的角度来看，阔叶林生态系统是地球上最为重要的生态系统类型。阔叶林的组成树种繁多，以壳斗科栎属、青冈属、水青冈属，豆科合欢属，樟科樟属、月桂属，槭树科槭属，杨柳科杨属、柳属等为代表。

◆ 生态特征和分布

    阔叶林分布的气候范围广泛，其分布区域包括热带雨林气候、热带季雨林气候、地中海气候、亚热带季风气候、温带海洋气候、温带季风气候等。从整体上看，其更多分布在温暖湿润的地区，阔叶林较为宽阔的叶片有利于扩大光合作用的面积而不利于对寒冷和干旱的忍耐。中国的阔叶林分布范围广，分布在温暖季风影响区域和新疆、西藏等省份的部分湿润区域，是中国主要的森林类型。

◆ **主要类型和特征**

阔叶林主要包括落叶阔叶林、常绿落叶阔叶混交林、常绿阔叶林、硬叶常绿阔叶林等。落叶阔叶林夏季生长旺盛冬季叶枯凋落，季相分明，主要优势类群包括栎属、槭属、杨属、桦属、榆属、朴属等，是中国华北地区的主要植被类型，中国华南地区、欧洲、北美洲以水青冈属、栎属和槭属常见。常绿阔叶林四季常青，主要优势类群包括壳斗科、樟科、山茶科、金缕梅科等的种类，分布在亚热带季风区域，中国亚热带地区是全球常绿阔叶林的主要分布区，植被类型多、植物组成多样、群落结构复杂；日本、韩国、加那利群岛和北美洲南部也有分布。

◆ **价值和保护利用**

阔叶林是森林生态系统的主要类型，其植物和动物多样性最为丰富。阔叶林为人类提供了丰富的物质资源和生态服务，其发达的根系有利于保持水土和防止水土流失，叶片的光合作用能固定大气中的二氧化碳，在实现"双碳"（碳中和、碳达峰）目标中发挥着重要作用，枯枝落叶为各种微生物所分解后将营养物质归还土壤，花朵中的蜜腺分泌物经蜜蜂采集成为蜂蜜，果实或种子既是各种动物的食物，也是人类的水果和干果来源等。典型的落叶阔叶林被破坏后，通常由小叶、喜光的杨、桦林所替代，或者为针叶林所替代，在重复砍伐或严重破坏的情况下，可退化为灌丛。而亚热带的常绿阔叶林被破坏后可形成落叶阔叶林、常绿落叶阔叶混交林、针叶林，甚至退化为草丛，导致水土流失加剧。

温带落叶阔叶林

温带落叶阔叶林是分布在温带、暖温带湿润地区山地丘陵和平原的地带性植被类型，又称夏绿林。组成温带落叶阔叶林群落的乔木全部是冬季落叶的阳性或耐荫的阔叶树种，林下的灌木也大多是冬季落叶的种类，林内的草本植物在冬季地上部分枯死或以种子越冬。林内树木的芽通常有芽鳞，这是抵抗不利季节的一种保护形式。

◆ 分布

温带落叶阔叶林分布于北半球受海洋气候影响明显的温带和暖温带地区。在其北部，落叶阔叶林为针叶林所取代，在南部则是常绿阔叶林或常绿落叶阔叶混交林。在欧亚大陆和北美洲的温带，这种规律特别明显。

中国的落叶阔叶林在中国植被分类中属于植被型，主要分布在温带的南部和暖温带各省，分布的纬度较欧洲和北美洲低，大致在北纬32°～45°。该分布范围包括黑龙江、吉林、辽宁的南部，内蒙古东南部，北京，天津，河北除坝上以外的部分，山西恒山至兴县一线以南，山东全部，陕西的黄土高原南部、渭河平原和秦岭北坡，甘肃的徽成盆地，河南伏牛山及淮河以北，安徽和江苏的淮北平原。此外，在热带、亚热带的山地和温带草原、荒漠区的局部也有落叶阔叶林的分布。由于人类活动的悠久和频繁，原始的温带落叶阔叶林基本上已消失殆尽，现存的多为次生林。同时，由于生产活动，人工栽培或半自然状态的人工林在落叶阔叶林中占有较大比例。

◆ **气候**

中国的落叶阔叶林分布区地处中纬度以及东亚海洋季风区边缘，气候特点是夏季高温多雨，冬季严寒晴燥。年平均气温一般为 8 ～ 14℃，由北向南递增。最冷月气温均在 0℃ 以下，绝对低温可达 -10 ～ -20℃，甚至更低。最热月平均气温为 24 ～ 28℃，年较差比西欧和北美大得多。年降水量除少数地区外，平均在 500 ～ 1000 毫米。雨量的季节分配不匀，冬季降水仅为年降水量的 3% ～ 7%，而夏季可占 60% ～ 70%，而华北平原夏季降水量可达全年的 3/4 左右。

◆ **土壤**

落叶阔叶林下发育的土壤主要是棕壤。除棕壤外，还有褐土、暗棕壤等其他土壤类型。棕壤发育在花岗岩和片麻岩等母质上，主要分布于辽东半岛、山东半岛、冀北山地、豫西山地、秦岭山地，以及落叶阔叶林区域内的其他山地。褐土则发育在石灰岩、页岩等母质上，分布在山丘地区的棕壤之下，见于山东、河北、北京、山西、陕西等地。由于受人类长期生产活动的干扰，棕壤和褐土的结构通常不完全，土层瘠薄，这是落叶阔叶林土壤最明显的特点。

◆ **区系组成**

中国落叶阔叶林的植物区系组成多为北温带和东亚成分，其种类组成比欧洲的落叶阔叶林丰富。落叶阔叶林最主要的建群种为水青冈属和栎属的各个种。但在中国的落叶阔叶林中，除了在热带和亚热带地区外，水青冈属在华北典型落叶阔叶林中不出现，而是栎属占优势。其他优势的种类为槭属、椴属、桦属、桤属、桦木属、杨属、柳属、榆属、朴属、榛属、胡桃属、栗属、李属、山茱萸属等属的植物。此外，在暖温带南部和热带、亚热带地区，还有化香树属、山核桃属、枫香属、黄檀属、黄连木属等热带和亚热带区系成分。另外，也有来自欧洲、北美的外来种类，如刺槐和杨属的一些种类，它们的分布范围非常广泛，木材蓄积量也相当大。灌木层的种类组成较复杂，多为温带成分，也有少量热带和亚热带植物。较常见的种类为胡枝子属、绣线菊属、合欢属、木蓝属、山矾属、野珠兰属、李属、扁担杆属、卫矛属、连翘属、杜鹃属、盐肤木属、山胡椒属、荆条属、枣属、

落叶林夏季季相

锦鸡儿属、柘树属、百里香属等。常见的藤本植物有南蛇藤属、葛属、菝葜属、防己属、木通属、猕猴桃属、常春藤属、爬山虎属等属的种类。组成草本层的植物也较丰富，优势的种类有菅属、野古草属、结缕草属、地榆属、霞草属、黄精属、唐松草属、委陵菜属、大油芒属、芒属、隐子草属、薹草属、蒿属、孔颖草属、铁线莲属、桔梗属、卷柏属、

瓦松属等属的种类。

落叶林冬季季相

◆ **群落外貌和结构**

落叶阔叶林的外貌最为典型的特征是群落的春夏秋冬季相变化，其中以夏季的深绿色外貌（故称夏绿林）、秋季显示出的万山红遍的外貌和冬季的落叶（故称落叶林）尤为明显，通常有明显的地上成层现象，但并不复杂。乔木层一般仅1层，发育好的群落偶有2～3个亚层；灌木层稍微复杂，可以有2～3个亚层；草本层也可以划分出2～3个亚层；由藓类、地衣及藻类构成的地被层通常不发育，只是在潮湿的生境中可以见到。除了局部的林分因保护好枯枝落叶层深厚

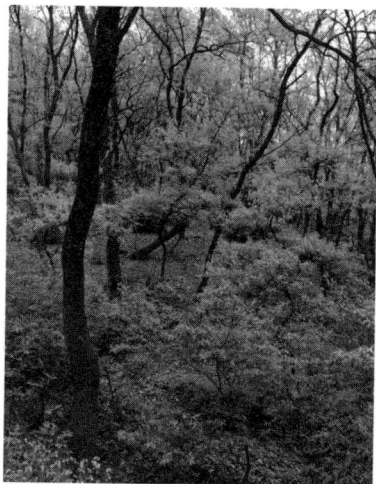

麻栎林结构

外，其他林分下的枯枝落叶层厚度较小。在多数情况下，落叶阔叶林的垂直结构比较简单，层外植物一般也不丰富。生活型中高位芽植物占60%以上，其次为地面芽、地下芽和一年生植物，地上芽植物很少。

◆ **类型**

中国的温带落叶阔叶林可分为三大类：①分布最广泛、特征最典型的落叶栎林。其中蒙古栎林主要分布于东北和华北北部地区，辽东栎林的分布区以辽宁西部、辽东半岛、华北北部和西部为主，麻栎林则多见于华北南部及亚热带山地。此外还有栓皮栎林、槲树林、槲栎林、锐齿槲栎林等。②落叶阔叶杂木林。包括槭属、榆属、椴属种类为主要标志的各种群落，优势种不明显，各种温带的落叶阔叶树种混生其间，常依不同地段而呈现出群落在种类组成和结构上的差别。③杨桦林。由杨属、桦属和桤属的种类组成的植物群落，在中国分布最普遍的是山杨林和白桦林。

白桦林

◆ **价值和保护**

落叶阔叶林是温带的地带性植被类型，除了本身的生态价值和直接提供木材、多种林产品等价值外，也是丰富的基因库和物种库，还具有巨大的生态服务价值。落叶阔叶林秋季独特的红色外貌既是美丽的景观，也是游人向往的去处，更是诗人、画家、作家讴歌和赞誉的对象，丰富了生物多样性的文化多样性。中国华北地区建立的森林类型自然保护区，大多以落叶阔叶林植被及其拥有的动物、微生物、基因等多样性为保护对象。

栎 林

栎林是以栎属植物为建群种或优势种而形成的落叶阔叶林或常绿硬叶林，在植被分类上为群系组。

◆ **生态特征和分布**

栎林根据生长的环境、建群种亲缘关系的远近和是否落叶可以分成落叶栎林、常绿栎林和高山栎林等群系组。栎林广泛分布于北半球，适宜温暖湿润的环境，主要分布于北半球的热带山地到北温带的地区，横跨亚、欧、非和北美4个大洲。栎属植物和同科的山毛榉一同作为世界范围内常绿和落叶阔叶林的重要组成种类。栎林的分布区普遍受季风影响，夏季炎热湿润，冬季干燥寒冷，土壤为棕壤和褐土。常绿栎林分布区最冷月气温一般大于3℃，而落叶栎林分布区最冷月气温可以低至 -15℃。分布区土壤类型较为多样，以红壤、灰红壤和山地棕壤为主。

在石灰岩山地也有栎林的分布。

落叶栎林的结构

中国的栎林分布区和季风湿润区基本重合，从最北黑龙江的漠河一带一直分布到海南岛，东部沿海湿润地区栎林生长更为旺盛，西部干旱地区栎林也有分布，但优势不如更耐旱的种树。此外高山栎林在青藏高原等高原地区形成小乔木和灌木混合的群落。落叶栎林主要分布在东北、华北和华中部分地区，华南、西南等地海拔 800 米以上也可见，在较为寒冷干旱的条件下与针叶树种形成混交林。

◆ **主要类型和特征**

典型的落叶栎林有麻栎林、栓皮栎林、蒙古栎林、辽东栎林等。在亚热带有常绿栎林如高山栎林、櫶子栎林、铁橡栎林等。高海拔地区的常绿栎林主要是亚热带硬叶常绿阔叶林，生活在西南海拔 2000 ～ 4000 米的山坡和山谷，形成纯林或与针叶树种形成混交林。

栎林群落的垂直结构以落叶栎林为例说明。落叶栎林的垂直结构较为明显，一般可分为乔木层、灌木层和草本层。乔木层以蒙古栎、麻栎等为代表，常常伴有赤松、椴树、白桦、侧柏等针阔叶树种；灌木层常见物种荆条、酸枣、山楂叶悬钩子、卫矛、君迁子、连翘、鼠李等；草本层常见物种包括大披针薹草、鸭跖草、委陵菜、竹灵消、堇菜、楼斗菜等。

◆ **价值和保护利用**

栎林的木材一般通称橡木，主要包括欧洲白橡木、美洲红橡木和中国的柞木。橡木木质细腻，较为坚硬而重量相对比较轻，耐腐蚀，使用年限长，木质花纹美观，是较为理想的家具用材，应用广泛。由于橡木的木质细腻耐腐蚀和吸水性差等特点常被用来加工成船只、木桶。由橡木制造的帆船广泛应用于大航海时代，对新航路的开启有一定的帮助。

蒙古栎林

蒙古栎林是以蒙古栎为建群种的落叶阔叶林，是落叶栎林中耐寒的类型，分布范围较广泛。蒙古栎，又称柞木、柞树，为高大落叶乔木，高 10 ～ 30 米，胸径 0.5 ～ 1 米。叶片倒卵形，叶缘钝齿状；壳斗杯形，包着坚果 1/3 ～ 1/2，果期 9 月；树皮灰褐色，纵裂。喜温暖湿润气候，也能耐一定寒冷和干旱。蒙古栎是栎属之中最为耐寒的种类，可以耐 -50℃的低温。

◆ **地理分布与生境**

蒙古栎林主要分布于东北亚地区，包括俄罗斯西伯利亚地区，日本、

蒙古栎叶片和果实

韩国、朝鲜、蒙古等国家，以及中国的东北和华北地区。在中国境内，蒙古栎林主要分布于东北地区大小兴安岭和长白山一带，河北和内蒙古部分地区有较多分布，山西、河南、山东有少量分布。在长白山地区蒙古栎林分布海拔可达 800 米。和蒙古栎林相近似的群落有辽东栎林，分布在东北西部、南部和华北北部的山地。

◆ **群落特征和类型**

蒙古栎林较为高大，层次结构简单，乔木层高度在 15 ～ 30 米，灌木层常见胡枝子、卫矛、山楂叶悬钩子等灌木，草本层常见桔梗、白颖薹草、堇菜和多种蕨类植物。

蒙古栎林可分为纯林和混交林两个主要类型。纯林多是人工林或者次生林。在长白山等山地，蒙古栎也经常与红松、白桦、椴树等树种伴生，形成温带针阔叶混交林的主要类型。

◆ **价值和保育**

蒙古栎林在上新世中期起源于中国的东北地区。蒙古栎比较耐贫瘠，

蒙古栎林外貌

蒙古栎林结构

喜阳而不耐荫，常成为红松林被破坏后的次生林而广泛生长。一般认为针叶林带的蒙古栎林多是火灾和人为砍伐等形成的，因而蒙古栎林可以看作森林破坏的一种指示类型，前期应加以保育和人工抚育。蒙古栎是营造防风林、水源涵养林及防火林的优良树种，因而常用于营造生态林。其比较耐火，林业上常作为防火隔离带树种。蒙古栎材质坚硬，耐腐力强，可供车船、建筑、坑木等用材和制作家具；叶子可饲养柞蚕；种子富含淀粉，可作为化工原料、酿酒或作饲料，灾荒年代也曾食用；树皮入药有收敛止泻及治痢疾等功效。

麻栎林

麻栎林是以麻栎为建群种的落叶阔叶林。麻栎是高大的落叶乔木，木材坚硬，高度一般为 10 ～ 20 米，最高可达 30 米，胸径 0.3 ～ 1 米。麻栎的叶子为披针形，质薄，表面绿色光滑，叶缘有刺芒状齿，与栓皮栎叶片厚实、背面有白色绒毛的特征不同，野外很好辨认和区分；果实为坚果，壳斗杯形，包着坚果约 1/2。麻栎为阳性树种，耐瘠薄，常分布在山地丘陵阳坡，而阴坡是松林，所以中国北方有"山前橡子（麻栎）山后松（赤松、油松）"之说。

◆ 地理分布与生境

以麻栎为建群种的栎林是中国暖温带落叶阔叶林区域低山和丘陵区最有代表性的落叶阔叶林。麻栎林分布在中国辽东半岛东南部，山东半岛及鲁中、南山地和丘陵，江苏北部和安徽北部的丘陵，河南西部山地和太行山地，河北的燕山和太行山的南端，陕西的渭北黄土高原、秦岭和山西南部山地。在亚热带常绿阔叶林区域麻栎林分布也很广，特别是北亚热带更普遍，如苏南、淮南、陕南等地，见于山地中下部，但面积都不大。麻栎林下的土壤，在暖温带山地多为棕壤和褐土，在亚热带为黄棕壤与黄褐土。由于人类活动的影响，麻栎林

麻栎叶片和果实

多为次生林或人工林。在山东、辽宁等地为放养柞蚕而不断割刈后形成了灌丛状矮林，称麻栎矮林，俗称"柞岚"。和麻栎林相类似的栎林是栓皮栎林，其他还有槲树林、槲栎林和短柄枹栎林等，分布在中国东北西部、南部和华北北部的山地，华南和西南山地也有分布。由于麻栎对热量和湿度的要求比较宽，所以生态幅更广，除了中国暖温带地区，浙江、福建、台湾、湖北、湖南、广东、海南、广西、四川、贵州、云南等地区也有分布，形成山地中上部垂直带中的纯林或混交林。此外，日本、韩国、朝鲜、越南等国家也有麻栎林分布。

麻栎次生天然林

◆ **群落特征和类型**

麻栎林常为纯林，郁闭度为 0.4 ～ 0.6，通常出现在山地丘陵的阳坡，垂直分布可达 1100 米以上，在西南山地可达 2000 米。在华北地区，30 年生的麻栎林群落高度一般在 7 ～ 12 米，个别地段可达 15 ～ 20 米，群落结构明显。乔木层中有时还有槲栎、短柄栎、槭树、水榆花楸等阔叶树种混生，有时还与赤松、油松、黑松等形成混交林。在辽宁、北京等地还有蒙古栎、糠椴等种类，而在江苏、安徽等地则有化香树、黄檀、白栎等种类。灌木层盖度不大，一般为20%～50%，种类因生境不同而异。阴湿处以照山白、三桠乌药、二色胡枝子、连翘、卫矛等最常见；干旱贫瘠处以荆条、酸枣、扁担杆为主，还

麻栎矮林——柞岚

有山合欢、花木蓝、达乌里胡枝子等种类。在北亚热带和暖温带南部还有白檀、山胡椒、狭叶山胡椒、算盘子等种类。在灌木种类组成上，可看出明显的地带性差异。草本植物中大油芒、野古草、薹草、鸭跖草等多生长在土壤条件好的地段，而黄背草、白茅、青蒿、白羊草、霞草、隐子草等在贫瘠的土壤上常见。

赤松麻栎混交林

麻栎林夏季外貌

麻栎林的外貌特征很典型，春夏秋冬季节变化明显，特别是夏季的葱绿和秋季的黄红色以及麻栎林与松林、刺槐林的相间分布更引人注目。

麻栎林可分为纯林和混交林两个主要类型。纯林多是人工林，混交林系天然次生林或者人工林。混交林主要有麻栎和松类的混交林，以及麻栎和其他栎类等形成的混交林。

麻栎林、黑松林和刺槐林秋色

◆ 价值和保护利用

麻栎林在中国暖温带地区多见于山地阳坡，林下土壤较瘠薄，它们对于涵养水源和保持水土有重要作用，应加强保育和人工抚育。麻栎矮林曾是重要的蚕业基地，主要用于放养柞蚕，以山东和辽宁多见。这种柞岚如停止割刈，并加以抚育和管理，可以恢复为麻栎林。

杨 林

杨林是以山杨、欧洲山杨和密叶杨等杨属物种为建群种或优势种的温性落叶阔叶林。

◆ 地理分布与生境

山杨林分布于中国西北、东北、华北、华中、西南各省区，以及蒙古、俄罗斯东部和朝鲜半岛，海拔 100 ～ 3800 米；欧洲山杨林广泛分布于欧亚大陆，在中国分布于新疆阿尔泰山和天山山脉北坡，海拔1500 ～ 2400 米；密叶杨林分布于中国新疆天山山脉中西段以及中亚，海拔 500 ～ 1800 米。杨林对热量条件适应较宽泛，在寒温带、温带、

中国新疆阿尔泰山欧洲山杨和桦木混交林外貌

暖温带和亚热带气候条件下均能生长，不耐干旱，年均降水量不低于300毫米。杨林主要生长在山地和河谷，土壤类型包括灰棕壤、棕色森林土、淋溶褐色土、黄棕壤等。

◆ 外貌、结构与组成

杨林群落外貌圆钝，入秋色泽斑斓。群落类型有纯林和混交林，纯林通常出现在寒温带至温带地区。混交林较普遍，在植被恢复的早期阶段，可与桦、椴、槭、栎等混交成林；在中后期阶段，可与多种针叶树形成混交林，但最终被针叶林所取代。灌木层由温性落叶灌木组成，常见种类有忍冬、绣线菊、蔷薇、茶藨子、悬钩子等。草本层种类丰富，由丛生禾草、杂草和蕨类组成，包括早熟禾、薹草、银莲花、蒿和多种蕨类植物。

◆ 价值与保育

杨林是针叶林破坏后植被恢复过程中的先锋森林植被，对针叶树幼树更新有庇护作用，群落的生命周期达 20 ～ 30 年。在针叶林破坏较严重区域，杨林常呈斑块状散生在针叶林恢复迹地上。杨树具有根蘖繁殖特性，自然更新良好，生长迅速，采伐周期短，木材可用于造纸、建材和民用建筑。在水土流失严重的区域，必须停止采伐杨林，逐步培育其生态保护功能。

桦木林

桦木林是以桦木属植物为建群种或优势种的温性落叶阔叶林。

◆ **地理分布与生境**

桦木林广泛分布于北半球温带和寒温带，包括北美洲和欧亚大陆的中高纬度地区；在中国境内，主要分布于东北大小兴安岭、长白山以及辽宁、内蒙古、河北、山西、陕西、河南、宁夏、青海、甘肃、四川、云南、西藏等地。桦木林可生长在山地阴坡、半阴坡、阳坡、河谷、湖畔、沼泽或积水草甸，海拔 0 ～ 4200 米；适应冷凉湿润的气候，主要气候类型有温带海洋性气候、温性季风气候和温带山地气候等。

◆ **群落类型**

桦木属有 50 ～ 60 个种，多数是温带落叶阔叶林和针阔混交林中的伴生种，少数为群落的优势种或建群种。在欧亚大陆，桦木林的主要群落类型有银桦林、白桦林、红桦林、糙皮桦林、岳桦林等；在北美大陆，有黄桦林、甜桦林、纸桦林、水桦林等。桦木林多数为乔木林，在北极圈附近以及在高山地带，亦有低矮的桦木灌丛。

◆ **价值与保育**

在寒温性针叶林分布区，桦木林是采伐迹地和火烧迹地植被恢复过程中的先锋森林类型；在山地半阳坡、湖畔、河谷、沼泽和冻原地带，是顶极植被类型，具有表征植被水平或垂直地带性的意义。桦木林具有水土保持、环境保护、涵养水源和促进植被恢复的重要功能。桦木林森林保育的重点是杜绝采伐、樵柴和毁林造田，防止过牧，加强森林火灾预警及病虫害的监控与防治。

白桦林

白桦林是以白桦为建群种或优势种的温性落叶阔叶林。

◆ 地理分布与生境

白桦林分布于亚洲东北部，包括俄罗斯远东地区、蒙古东部、朝鲜半岛北部、日本和中国东北大小兴安岭、长白山、辽宁、内蒙古、河北、山西、陕西，河南、宁夏、青海、甘肃、四川、云南、西藏等地，海拔700～4200米。白桦林处在寒温带和温性季风气候区，适应冷凉湿润的气候，可生长在山地阴坡、半阴坡、阳坡、河谷、沼泽和草甸；适应宽泛的土壤条件，在土壤深厚的缓坡谷地和陡峭的岩石地带均可生长。

中国内蒙古大青山白桦林的群落外貌

◆ 外貌、结构与组成

白桦林乔木层高度10～25米，胸径可达40厘米。纯林主要出现在高纬度地区，群落外貌整齐，林冠层较郁闭；混交林中常见的种类有山杨、红桦、椴、槭、栎等，在采伐和火烧迹地上植被恢复的中后期阶段，可与云杉、松、落叶松等混交，圆钝翠绿的白桦树冠与墨绿尖塔状的针叶树树冠镶嵌交错，形成对比鲜明的群落外貌特征。灌木层以温性落叶直立灌木居多，包括绣线菊、柳、蔷薇等；在高海拔地带或寒温带地区，还会出现常绿灌木或半灌木，包括杜鹃、越橘等。草本层盖度可达 70%，物种丰富度较高，由蕨类植物、直立杂草、根茎和丛生禾草以及低矮附生和蔓生的草本组成，包括鳞毛蕨、铁线蕨、银莲花、薹草、草莓等。林下通常由较厚的枯落物覆盖，苔藓较少。

◆ **价值与保育**

白桦林是亚洲东北部的重要植被类型。在 20 世纪，这些地区原始森林破坏较重，在采伐迹地和火烧迹地上普遍生长着白桦林，多为中幼林。白桦林属阳性植被，适应性强，耐寒冷气候和适度的干旱，除了作为先锋植被出现在植被恢复过程中的特定阶段以外，在其他生境（如山地阳坡、河谷、沼泽等）中也广泛分布，具有环境保护和涵养水源的重要功能；生长迅速，结实能力强，种子散播距离远，可从基部分叉各自长成树干，迅速形成郁闭树冠，自然植被更新良好，可培育为工业用材林；木材坚硬，材质较好，是工业加工制造和民间工艺制品的重要资源；个体或群落外貌优美，季相多变，可用于园林和荒山荒坡绿化。对于白桦林原始森林，要采取封山禁伐等措施，加强火灾和病虫害防控。

岳桦林

岳桦林是以岳桦为建群种或优势种的温性落叶阔叶林，又称岳桦矮曲林。

◆ **地理分布与生境**

岳桦林分布于俄罗斯远东地区、朝鲜半岛北部、日本北部和中国东北大、小兴安岭和长白山，海拔 700 ～ 1800 米。岳桦林处在温性季风气候区，低温、湿润、大风和多云雾；生长在山地针叶林与高山草甸的过渡地带，对坡向选择性不大；土壤基质为火山岩，物理风化强烈，土层瘠薄，土壤为亚高山森林土和草甸土。岳桦树体低矮，树干端直或扭曲，分枝密集。

中国长白山岳桦林外貌

◆ **外貌、结构与组成**

岳桦林群落外貌低矮、圆钝。在大兴安岭，岳桦树高可达 15 米，树干端直；在长白山，树高 3 ～ 5 米，枝干扭曲，海拔越高，树冠越低矮，林冠越稀疏，至树线地带，多呈散生的疏林状。岳桦林纯林居多，偶见白桦和花楸；在海拔较低的阴坡可与长白鱼鳞云杉、长白落叶松、臭冷杉混交成林，针叶树常稀疏地高耸于林冠之上。灌木层稀疏，常见种类有越橘、偃松、西伯利亚刺柏、忍冬、蔷薇等。草本层密集，由丛生禾草、直立或蔓生杂草和蕨类组成，常见种类有大叶章、乌头、东方草莓、舞鹤草、冷蕨、羽节蕨等。苔藓层在岩石和枯倒的树干上常见，种类有塔藓、毛梳藓等。

◆ **价值与保育**

岳桦林是温带季风气候区高山树线地带的优势植被类型，与寒温性针叶林和高山草甸形成了亚高山地带完整的植被带谱，具有水土保持和水源涵养的重要功能。火灾和病虫害是其主要威胁因素，要加强森林火灾预警及病虫害的监控与防治。

温性落叶小叶疏林

温性落叶小叶疏林是由胡杨、灰胡杨、榆树、旱榆、小叶杨、银白杨等树种组成，林冠层通透开阔，除树冠下以外的林地内接受全光照的阔叶林。

◆ **地理分布与生境**

温性落叶小叶疏林分布于西亚、中亚、蒙古和中国新疆、甘肃、青海、宁夏、内蒙古、吉林等地，处在温带大陆性干旱、半干旱气候区，年降水量50～400毫米，夏季干燥酷热，冬季严寒。分布区土壤类型有沙壤土、黑钙土、草甸土、沼泽土、盐碱土等。生长在温带荒漠区季节性河流两岸的群落，可形成壮观的荒漠区绿色廊道，由胡杨、灰胡杨、小叶杨等所形成的荒漠河岸林可以绵延数百公里；生长在干河床地带的群落，由于河流改道，可利用的地下水逐步消失，群落极度稀疏，树干大量枯死，

中国阿拉善荒漠干河道生长的小叶杨疏林

这种现象常见于阿拉善高原的额济纳旗和塔里木盆地；在低山地带，常有旱榆疏林生长；在有现代湖泊水溢出的固定沙地上，如浑善达克沙地、科尔沁沙地等，河流小溪交错，榆树稀疏地散布在沙地灌丛草地上，可形成相对稳定的疏林景观。

◆ **外貌、结构与组成**

温性落叶小叶疏林乔木高度 3 ～ 15 米，除了胡杨和灰胡杨可形成混

中国贺兰山石质低山生长的旱榆疏林

交林，其他多为纯林。林下灌木层的繁盛程度取决于地下水的供给状况，沿有河水补给的河畔，可形成密集高大的灌木层；在古老河床地带，由于河流改道地下水位下降，灌木十分稀疏。在荒漠区，常见灌木有柽柳、黑果枸杞、骆驼刺、白刺、花花柴等；在中国中东部草原化的沙地，常见种类有黄柳、蒙古山竹子、小叶锦鸡儿、沙蒿、柴桦、耧斗菜叶绣线菊等。草本层由耐干旱的丛生禾草和杂草组成，常见种类有羊草、芦苇、冰草、克氏针茅、蒿、木地肤、披针叶野决明、叉分蓼、雾冰藜、苦豆子等。

◆ 价值与保育

温性落叶小叶疏林是中国北部和西北部环境脆弱地区珍贵的疏林植被，具有防风固沙、保护环境的重要功能。温性落叶小叶疏林耐大气干旱，不耐土壤干旱，地下水的无节制开采、荒漠内流河上游截流等是小叶疏林生存的潜在威胁。此外，过度放牧和樵柴直接影响温性落叶小叶疏林群落结构组成，导致群落退化，影响疏林的生态功能。合理规划区域水资源配置、防止过度放牧、禁止樵柴等是保护温性落叶小叶疏林的重要对策。

榆树疏林

榆树疏林是以榆树为优势种的温性落叶小叶疏林。

◆ 地理分布与生境

榆树疏林分布于中国内蒙古高原的浑善达克沙地、科尔沁沙地和呼伦贝尔沙地，海拔 1100 ～ 1300 米。榆树疏林处在温带半干旱至半湿润区域，夏季炎热，冬季严寒，极端温度达 -25℃，最高温度达 30℃；自西向东，温带季风气候的影响渐强，年均降水量 350 ～ 500 毫米。分布区土壤类型以砂土和沙壤土为主。榆树疏林的水源主要来自沙地周围低山丘陵的地表径流，它们在沙地汇集溢出，形成了诸多湖泊湿地和交织纵横的河流小溪，支撑着疏林植被生长。在环境条件稳定的情况下，榆树疏林是此类沙地中的顶极植被类型。

◆ **外貌、结构与组成**

榆树疏林树高 5 ～ 12 米，胸径可达 80 厘米，个体密度随水分状况变化较大，在水分较好的生境中可形成盖度达 50% 的树丛；在多数生境中，个体间距在 10 ～ 50 米。榆树疏林几乎为纯林，偶有山荆子和稠李混生。林下灌木通常逐水而生，在河道、河滩和低地，黄柳和小红柳等可形成密集的团块状的灌丛；在固定起伏的沙地，灌木非常稀疏，盖度不足 10%，高度达 1 米。常见种类有蒙古山竹子、小叶锦鸡儿、光沙蒿、

中国内蒙古浑善达克沙地榆树疏林外貌

柴桦、耧斗菜叶绣线菊等。草本层较发达，盖度可达80%，种类以典型草原成分居多，由丛生禾草和直立杂草组成，常见有赖草、无芒雀麦、针茅、大画眉草、蒿、木地肤、披针叶野决明、雾冰藜等。

榆树疏林的植被属性尚存在争论。一种观点认为，这类植被是半湿润区地下水位较高的沙地上形成的一类隐域植被，不具有地带性意义；另一种观点认为，榆树疏林是森林－草原过渡带具有表征特定气候类型的地带性植被。

◆ 价值与保育

自19世纪80年代起，人类活动加剧，地下水开采量加大，地下水位逐渐下降，湖泊湿地有干涸趋势，榆树疏林衰退和死亡的现象较普遍。这说明榆树疏林群落的兴衰存亡与沙地的地下水动态密切相关，与气候条件关联较小。浑善达克沙地、科尔沁沙地和呼伦贝尔沙地是华北沙尘重要的源头之一，地表松软，环境脆弱，处在传统的牧区，过度放牧和樵柴对疏林干扰较重，导致更新困难，地表植被覆盖度降低，防风固沙功能下降。协调好当地经济发展和环境保护的关系，是疏林生态系统管理的重要课题。

胡杨林

胡杨林是以胡杨为优势种的温性落叶小叶疏林。

◆ 地理分布与生境

胡杨林分布于北非、中东、中亚和中国新疆大部、甘肃西北部、青

中国内蒙古额济纳旗胡杨林外貌

中国内蒙古额济纳旗胡杨枯树

海西北部及内蒙古西部，垂直分布范围 900 ～ 2900 米，地理坐标东经 5°～ 105°，北纬 30°～ 50°。胡杨林处在温带大陆性气候区，夏季酷热，冬季严寒，极端温度最低达 -40℃，最高达 45℃，降水量 50 ～ 250 毫米。胡杨林适应宽泛的温度幅度，可忍耐极端干燥的大气环境，依赖地下潜水或河流渗水生长，是温带荒漠区的隐域植被类型。中国新疆塔里木盆地河谷至河西走廊西端的额济纳谷地一线为其分布中心；在准噶尔盆地、伊犁谷地、柴达木盆地以及阿拉善高原的局部地带也有小片疏林。在温带荒漠区季节性河流两岸，例如，在和田河、塔里木河、孔雀河、疏勒河、黑河和石羊河的中下游两岸，土壤为细砂土，弱盐渍化，胡杨林可形成荒漠区葱郁的乔木林廊道；在荒漠区古老的干河床地带也可生长，由于河流改道，地下水位下降，土壤为沙壤土，盐渍化程度较高，群落极度稀疏，枯树林立；在荒漠冲积扇边缘地带，有潜水溢出，土壤是冲积沙壤质土，盐渍化严重，有成片或零散的疏林。

◆ 结构与组成

胡杨林乔木层高度 3～12 米，由胡杨组成，胸径可达 1 米以上，树龄可达数百年，偶有灰胡杨和沙枣混生。由于荒漠区气候干燥，木材不腐，枯立木和倒木长期保存，形成独特的沧桑景观。灌木层稀疏或局部密集，在季节性河流的河畔，多枝柽柳、刚毛柽柳、短穗柽柳、细穗柽柳等可形成连片生长的柽柳沙堡，高度可达 5 米；在柽柳沙堡间的黏土和沙土基质上，有稀疏的有刺小灌木生长，常见有黑果枸杞、骆驼刺、花花柴等，高度不超过 1 米；在盐渍化较重的生境中，可出现盐穗木和盐爪爪；在沙砾质土壤基质上，可出现假木贼和红沙。草本植物常见种类有苦豆子、芦苇、芨芨草、冰草等。

◆ 价值与保育

胡杨林是温带荒漠区罕见的原始乔木林，也是戈壁荒漠上的一道绿色走廊。胡杨林群落的生存依赖于地下潜水，而河流改道和上游过度截流致使下游断流，导致群落衰退和消亡，大面积的胡杨枯死后的立木残桩就是河流改道后的遗迹。冰山融水既是中国荒漠区工农业和生活用水的主要来源，也是维持胡杨林兴盛的唯一水源。合理调配水资源，确保荒漠内流河不断流，是保障胡杨林群落稳定的根本措施。胡杨耐沙埋，固沙能力强，具有防风固沙和保护环境的重要功能，一旦被砍伐，迹地将迅速变为流动沙丘，因此要禁止任何形式的砍伐和樵柴。

暖性落叶阔叶林

暖性落叶阔叶林是以落叶栎类和水青冈属植物为优势种的落叶阔叶林。

◆ 地理分布与生境

暖性落叶阔叶林广泛分布于全球暖温带及亚热带山地丘陵区；在中国境内，分布于西南、华中和华东各省区；处在暖温带和北亚热带季风气候区，夏季酷热多雨，冬季寒冷干燥；生长在亚热带山地的中、高海拔地带，土壤以褐色土、棕色森林土和山地酸性黄棕壤为主。暖性落叶阔叶林群落类型较复杂，中国约有 10 个群系类型，物种多样性较高。

◆ 结构与组成

落叶栎类是暖性落叶阔叶林乔木层的优势种，包括栓皮栎、麻栎、白栎、锐齿槲栎、槲栎、小叶栎等；此外，还有多种落叶阔叶树混生，常见种类有黄连木、化香树、枫香树、椴树等。灌木层由落叶灌木组成，常见有胡枝子、卫矛、荚蒾、忍冬、绣线菊、花楸、黄栌等。草本层由薹草、根茎百合类、丛生禾草和杂草组成，包括野古草、黄精、糙苏、地榆、野棉花等。藤本植物有华中五味子、三叶木通、南蛇藤、铁线莲等。

◆ 价值与保育

暖性落叶阔叶林是暖温带和亚热带北部地区分布较为广泛的植被类型。暖性落叶阔叶林在山地植被的垂直带谱上，处在针阔混交林的下方；从水平分布看，主要分布于暖温带，具有一定的地带性意义；也可出现在亚热带至热带地区植被恢复过程中的特定阶段，最终会被常绿阔叶林或季雨林替代。暖性落叶阔叶林具有水源涵养、水土保持和环境保护的重要功能，植物资源较丰富，许多可培育为用材林和特用经济林。暖性落叶阔叶林的自然植被破坏较严重，宜加强植被保育和森林恢复工作，重点区域要实行封山育林。

水青冈林

水青冈林是以水青冈为优势种的暖性落叶阔叶林。

◆ 地理分布与生境

水青冈林分布于中国境内的中亚热带至北亚热带，包括秦岭以南、五岭南坡以北的广大区域。水青冈林处在亚热带季风气候区，无霜期220～285天，一月份平均温度0～10℃，年均降水量1000毫米左右。水青冈林主要生长在海拔1000～2000米的中山地带，常形成茂密的森林，生境湿润而凉爽，多云雾。分布区土壤基质包括片麻岩和砂页岩等，土壤类型有山地黄壤、黄棕壤和棕壤，呈酸性。林地铺满枯落物，土层深厚，水分含量较高。

中国台湾宜兰水青冈林外貌和结构

◆ **外貌、结构与组成**

水青冈林群落呈现常绿、落叶阔叶混交林外貌，落叶树和常绿树的比重在区域间差别较大。乔木层呈复层结构，水青冈是中乔木层的优势种，或有亮叶水青冈等混生；小乔木层由多种常绿阔叶树种组成，优势种常不明显，常见有灰柯、银木荷、冬青、豺皮樟等。林下或有箭竹层，盖度较大；在无箭竹层的林下，有明显的灌木层，主要由落叶灌木组成，常见种类有荚蒾、山梅花、茶藨子、蔷薇、卫矛等，偶有常绿灌木山矾。草本层稀疏，由薹草、根茎葱类、直立或蔓生杂草以及蕨类植物组成，常见有沿阶草、鹿药、求米草、落新妇、鬼灯檠、酢浆草、冷水花、堇菜、金星蕨、鳞毛蕨、耳蕨等。藤本植物有四川清风藤、菝葜、华中乌蔹莓、南蛇藤、猕猴桃等。

◆ **价值与保育**

水青冈林是亚热带山地酸性黄棕壤地区典型的常绿、落叶阔叶混交林。高大的水青冈常居林冠层，外貌似落叶阔叶林，但林中常绿成分较多。水青冈林群落结构较复杂，物种多样性较高，许多是特有类型。由于长期的人类活动干扰，水青冈林原始森林已不多见，许多森林是破坏后的次生类型，宜封山育林，加强保护。

暖性常绿、落叶阔叶混交林

暖性常绿、落叶阔叶混交林是具有亚热带地域特征，由常绿和落叶阔叶树种组成的暖性混交植被类型。

◆ 地理分布与生境

暖性常绿、落叶阔叶混交林分布于亚洲中南部、美洲中部及非洲中南部的亚热带区域；在中国境内，主要分布于秦岭一线以南至长江流域的亚热带区域，生长在低山丘陵区，海拔 1000 ～ 2000 米，处在常绿阔叶林和落叶阔叶林的过渡地带；气候条件是暖温带和亚热带季风气候，年均温度 14 ～ 16℃，无霜期大于 210 天，年均降水量 900 ～ 1200 毫米；土壤以山地酸性黄棕壤、黄红壤和黄壤为主，土层深厚或稀薄，有机质含量高，成土母质包括花岗岩、片麻岩等，土壤呈中性或偏碱性。

◆ 外貌、结构与组成

暖性常绿、落叶阔叶混交林乔木层呈复层结构，群落外貌和季相与生境条件密切相关。在海拔偏低、纬度偏南的地区，常绿成分较多；在海拔较高、纬度偏北的区域，落叶成分占优势。暖性常绿、落叶阔叶混交林的优势种主要由壳斗科的常绿阔叶树组成，包括水青冈、青冈、栲等，伴生种有润楠、木荷、山矾等。一些古老残遗类型也出现在林中，如珙桐、连香树等。灌木层稀疏，由常绿和落叶灌木组成，常见有柃、冬青、杜鹃、荚蒾、卫矛等。草本层由薹草、直立或蔓生杂草以及蕨类植物组成，常见有楼梯草、堇菜、鳞毛蕨、耳蕨等。藤本植物常见有菝葜、地锦、双蝴蝶、木通、南蛇藤、猕猴桃等。

◆ 价值与保育

暖性常绿、落叶阔叶混交林群落类型复杂，是具有地带性特征的一类植被类型。1980 年出版的《中国植被》记载了常绿、落叶阔叶混交林，山地常绿、落叶阔叶混交林和石灰岩常绿、落叶阔叶混交林等 3 个植被亚型的 48 个群系类型。暖性常绿、落叶阔叶混交林分布区内人类活动密集，许多林地已经开辟为农业用地，原始森林数量较少，封山育林和退耕还林是森林保育的主要途径。

常绿阔叶林

常绿阔叶林是热带以外湿润地区由常绿阔叶树占优势的森林，是照叶林、温带雨林、亚热带雨林和阔叶硬叶林的统称。狭义的常绿阔叶林只把季风气候条件下发育的该类森林称为常绿阔叶林，即专指东亚地区的常绿阔叶林。常绿阔叶林在全球各大洲均有分布，按区域可分为欧洲地中海常绿阔叶林、东亚常绿阔叶林、北美常绿阔叶林、南美常绿阔叶林、非洲常绿阔叶林以及大洋洲常绿阔叶林，其中以东亚常绿阔叶林最为典型、分布面积最广。

◆ **地理分布与生境**

常绿阔叶林间断分布于全球各大洲的暖温带、亚热带地区，生境条件差异较大。在欧洲地中海沿岸及邻近地区常绿阔叶林呈环状分布，主要分布于加纳列群岛、马德拉群岛，属典型的地中海型气候，冬季多雨、夏季干旱。亚洲的常绿阔叶林分布在东亚地区，主要覆盖日本南部及中国东南部地区，形成一条宽约 1000 公里、长约 2500 公里的连续植被带，分布区域具有典型的亚热带季风气候。北美常绿阔叶林主要分布在美国东南部，呈散状分布于沿海狭窄区域，属季风气候，全年温差较小。南美常绿阔叶林主要分布在智利南部、巴西南部及阿根廷北部，冬季降水较多，但没有夏季干旱。非洲常绿阔叶林分布于南纬 26°～34°非洲大陆东南角的山地上。大洋洲的常绿阔叶林主要分布在东南部的太平洋沿岸地区、塔斯马尼亚岛东部，以及新西兰北部。

◆ **主要类型**

欧洲地中海常绿阔叶林是一种适应夏季干旱的硬叶常绿阔叶林，群落较低矮，种类较贫乏，乔木层优势种主要由樟科的月桂属、鳄梨属，以及木樨科、山茶科和杜鹃花科植物组成。东亚的常绿阔叶林主要由壳斗科、樟科、山茶科树种组成。北美常绿阔叶林乔木层优势种主要由栎属、木兰属、大头茶属等树种组成。南美常绿阔叶林主要由银香茶属、南青冈属、林仙属树种组成，藤本植物很多，混生有木本蕨类植物。非洲常绿阔叶林主要由罗汉松属和木樨榄属树种组成。大洋洲常绿阔叶林可分为两部分，澳大利亚的常绿阔叶林主要由桉树组成，新西兰的常绿阔叶林主要由罗汉松、陆均松属树种组成。

◆ 价值与保育

常绿阔叶林物种多样性丰富、生产力高，仅次于雨林，是重要的物种库和碳库，具有非常高的保护价值。因其所在的暖温带、亚热带地区气候适宜，物产丰富，多为人类活动密集区，天然常绿阔叶林遭到大面积破坏，片断化程度高，需对零星分布的天然林进行严格保护，并对于一些重要生态区域的退化植被进行人工恢复。

中国常绿阔叶林分布区约占中国国土面积的 1/4，是全球常绿阔叶林的主体，整个长江流域几乎全部为其分布区，开展常绿阔叶林的保育和恢复对中国的可持续发展具有重要意义。

栲 林

栲林是以栲属树种为优势种或标志种的常绿阔叶林。

◆ 地理分布与生境

栲林是东亚常绿阔叶林的特有类型，主要分布在亚热带中低海拔山地，所处生境坡度较缓、土层较深、温暖湿润。栲林广泛分布于中国、日本，在朝鲜半岛南端也有分布。栲林在中国常绿阔叶林中最具代表性，广泛分布于长江以南的丘陵山地，集中在亚热带中部地区。

江西官山钩栲林

◆ 外貌、结构与组成

栲林群落的垂直结构可划分为乔木层，灌木层和草本层。乔木层盖度高，多在80%以上，灌木层物种多样性最高，部分群落达到30～40种，草本层盖度低，物种数相对较少。栲林几乎分布在亚热带全部区域，不同区域的优势种不同。总的来看，乔木层以甜槠、栲树、钩栲、米槠、短刺米槠、南岭栲、罗浮栲、鹿角栲、元江栲、高山栲等为单优势或共同优势种，形成多种不同的群落类型，常与木荷、石栎、大头茶、黄杞混生，偶见杉木、马尾松、黄山松等针叶树种。灌木层除乔木树种幼树外，以山矾、柃木、茶、杜鹃花科植物为优势。由于上层林木郁闭度高，草本层一般比较稀疏，常见薹草属植物以及狗脊、里白等蕨类植物。

◆ 价值与保育

栲林是亚热带常绿阔叶林的主体，物种多样性丰富，拥有许多珍稀物种，对亚热带地区生态保护和区域可持续发展具有重要作用。由于其所处生境条件比较优越，受人类活动干扰严重，低海拔地区的栲林现存数量很少，且退化比较严重，应重点加强对现有天然林的保护，对处于重要生态功能区的退化植被要加强人工补种栲林优势种，促进生态恢复。

青冈林

青冈林是以青冈属树种为优势种或标志种的常绿阔叶林。

◆ **地理分布与生境**

青冈林生态幅度较宽，是较为耐寒、耐旱的类型，一般分布于丘陵地和山地坡度较陡、土层较薄、较干燥的生境，或高海拔较冷湿的生境中。青冈林在中国、印度、韩国、日本等均有分布。

◆ **外貌、结构与组成**

青冈林群落分为乔木层、灌木层和草本层。乔木层盖度高，多在70% 以上；灌木层物种多样性最高，部分群落达到 30 种左右；草本层盖度低，物种数相对较少。青冈林几乎分布在亚热带全部区域，不同区域的优势种不同。总的来看，乔木层以青冈、云山青冈、赤皮青冈、小叶青冈、细叶青冈、多脉青冈、曼青冈、滇青冈、黄毛青冈、狭叶青冈、长果青冈等为不同区域的优势种，常与石栎、木荷、栲树混生。灌木层除乔木树种幼树外，常见种类包括箬竹、檵木、柃木及杜鹃花科植物。草本层常见麦冬、薹草、狗脊等蕨类植物。

◆ **价值和保育**

青冈林多分布于坡度较陡生境或山体上部，对于水土保持具有重要作用，具有丰富的物种多样性，对于区域生态保护具有重要意义。由于青冈属植物热值较高，原来一直作为薪炭林使用，砍伐严重，现多为次生林，应加强封育保护。

石栎林

石栎林是以石栎属树种为优势种或标志种的常绿阔叶林。

◆ 地理分布与生境

石栎林多以零星状态分布于亚热带地区，只在云南西部哀牢山、无量山、高黎贡山等海拔 1600～2900 米的亚热带高原山地上广泛分布。由于石栎林多分布在山地云雾带内，生境较为温暖湿润，林内苔藓附生植物丰富。

◆ 外貌、结构与组成

石栎林群落高达 30 余米，乔木层一般分为两层，分别以白穗柯、多变柯、刺壳柯、壶壳柯、木果柯、水仙柯等为优势种或以不同比例混生；其他常见种类有木荷，滇青冈、元江栲、红花木莲、润楠，以及山茶科、冬青科、山矾科、杜鹃花科植物。灌木层由箭竹、杜鹃、紫金牛等植物组成。草本层常见沿阶草及多种蕨类植物。藤本植物较多，苔藓地衣附生植物丰富。

◆ 价值与保育

石栎林内苔藓植物丰富，涵养水源能力强，是重要的水源涵养林。

同时,林内物种组成独特性强,具有较多的特有种,具有很高的保护价值。

润楠林

润楠林是以润楠属树种为优势种或标志种的常绿阔叶林。

◆ 地理分布与生境

润楠林广泛分布于东亚常绿阔叶林区域,但总体分布面积不大。该植被类型生态习性喜暖湿,对水湿条件要求较高,多生长在缓坡谷地或山地云雾带中。

◆ 外貌、结构与组成

润楠林星散分布于亚热带,群落结构与组成差异很大。群落结构一般分三层,在南部地区有时乔木层可分为两层。红楠林分布最广泛,乔木层以红楠为优势种,北部地区有时形成单优群落,常与青冈、石栎、木荷、栲树及部分落叶树种混生。薄叶润楠、刨花楠林主要分布在亚热带东南部地区,常混生有紫楠、青冈、木荷以及多种落叶树种。灌木层种类丰富,主要由柃木、茶、冬青以及多种落叶树种组成。草本层由箬竹、多种蕨类及荨麻科物种组成。

◆ 价值与保育

润楠林多分布在低海拔沟谷生境,常混生有较多的落叶树种,其中许多为保护价值高的孑遗植物,如银杏、青钱柳等。润楠林含有数量较多的楠木类珍贵用材树种(桢楠属、润楠属),具有较高的经济价值,因此受破坏程度较高,应加强保护和恢复。

季风常绿阔叶林

季风常绿阔叶林是群落上层以壳斗科、樟科喜暖的种类为优势种，下层含有较多热带成分的常绿阔叶林，又称季节常绿阔叶林。

◆ **地理分布与生境**

季风常绿阔叶林主要分布于中国，在日本西南部海岛上有少量分布。该植被类型是中国南亚热带的地带性植被，主要分布在福建、广东、广西、贵州等地区的南部海拔 800 米以下的丘陵山地，云南中南部、东喜马拉雅山南坡海拔 1000～1500 米盆地、河谷区域和台湾海拔 1000 米以下的地区。季风常绿阔叶林分布区域气候温暖多湿，东部平均温度为20～22℃，西部平均温度 13～17℃，最冷月均温 10～13℃。年平均降水量多在 1000～2000 毫米，相对湿度 80% 以上。土壤以砖红壤性红壤为主，还包括山地红壤和灰化红壤，表土疏松，结构良好，富含有机质。

◆ **主要类型和分布**

季风常绿阔叶林在东部亚热带地区，主要分布有厚壳桂－栲、樟－润楠－琼楠两种主要类型。前者主要分布在福建、广东、广西南部丘陵低山区域，群落优势种包括刺栲、黎蒴栲、青钩栲、厚壳桂、黄果厚壳桂等；后者主要分布在南部低山谷底，优势种包括黄樟、华润楠、纳槁润楠、网脉琼楠等。西部的亚热带季风常绿阔叶林以刺栲、印度栲、小果栲、小果柯、秃枝润楠、西南木荷等为优势。台湾的季风常绿阔叶林主要分布在 800 米以下的山地，优势种包括乌来栲、星刺栲、香润楠等。

◆ 外貌、结构与组成

季风常绿阔叶林上层树种为壳斗科、樟科的喜暖种类，如栲属、厚壳桂属、琼楠属、润楠属树种，以及桃金娘科、楝科、桑科的树种，并混生少量季雨林的落叶树种，如合欢树、黄杞属、羊蹄甲属、木蝴蝶属、羽叶楸属等种类。下层有较多热带成分，如茜草科、紫金牛科、棕榈科、豆科、大戟科、芸香科等种类。它和典型常绿阔叶林的区别不仅在种类组成上，而且还在于它的树冠较不整齐，粗大木质藤本和附生种子植物较多，偶见板根。

◆ 价值与保育

季风常绿阔叶林比典型常绿阔叶林具有更高的物种多样性，同时作为南亚热带的地带性植被类型，对于区域生态安全具有重要意义。由于南亚热带地区长期受人类活动干扰，大量种植速生树种桉树，该植被类型现存数量很少，应加强保护，同时在重点生态区利用近自然林方法逐步恢复地带性植被。

山地常绿阔叶林

山地常绿阔叶林是具有常绿阔叶林的一般外貌，林内密被苔藓附生植物的高海拔森林植被类型。

◆ 地理分布与生境

山地常绿阔叶林在中国亚热带、热带山地分布广泛，几乎北自北纬27°50′的武夷山顶峰，南达海南岛北纬19°的五指山上部，东至台湾玉山顶峰，西南至云南高原东南部的马关、金平等海拔 2100 米以上地带，西达青藏高原东南部的东喜马拉雅南翼海拔 1300 ～ 2200 米区域均有其分布。山地常绿阔叶林群落所在地终年云雾缭绕、气候温凉，大气异常潮湿。

◆ **主要类型与分布**

山地常绿阔叶林的主要群落有：栲类为主的瓦山栲－杯状栲－木莲林，分布在云南东南部文山、红河地区中山上部海拔 1500 ～ 2500 米的迎风坡面上，其下限常与热带山地雨林的上界相接，是成片茂密的原始森林；红花荷－润楠－柯林，分布在云南东南部海拔 2000 ～ 2600 米较高山体的迎风坡面上，其下限常与南亚热带过渡性常绿阔叶林相接，其上界多为山顶常绿阔叶矮林，分布面积很大；薄片青冈－木果石栎－含笑林，主要分布在西藏东南部喜马拉雅山海拔 1300 ～ 2200 米的南坡上，位于常绿阔叶林的上部。

◆ **外貌、结构与组成**

山地常绿阔叶林群落乔木层多以壳斗科、山茶科、木兰科为主，高度 20 ～ 40 米；灌木层以竹亚科、茜草科和野牡丹科种类为主；草本层除蕨类外，有较多的蘘荷科、莎草科、荨麻科、百合科、蓼科、唇形科、凤仙花科、报春花科、秋海棠科的种类，有时从高度上难于区分灌木层与草本层。附生的苔藓植物最为繁盛，还有兰科、水晶兰科、膜蕨等附生植物，木质藤本不多见，草质攀缘植物较多。

◆ **价值与保育**

山地常绿阔叶林所处生境条件气候温凉，林木生长缓慢，但由

于大量苔藓植物的存在，保水性能良好，有天然水库之称，应严格
保护。

山顶常绿阔叶矮林

山顶常绿阔叶矮林是以杜鹃花科常绿阔叶树为优势形成的树干弯
曲、林内密被苔藓植物的常绿阔叶林。

◆ 地理分布与生境

山顶常绿阔叶矮林一般分布在中国亚热带山地常绿阔叶林和热带山
地季风常绿阔叶林的上部，在热带东南亚山地也有广泛分布。随着海拔
高度逐渐上升至山脊或山顶地带，生境条件逐渐严酷，表现为：山风强
烈、云雾多、日照少、湿度大、温差大，碎石密布、土层浅薄，进而形
成这种独特的植被类型。

◆ 主要类型

山顶常绿阔叶矮林的常见群落类型有：猴头杜鹃矮曲林，主
要分布在中国东南部（浙江、福建、江西、广东、海南等省）海拔
1500～1700 米以上的山顶或山脊；吊钟花-云锦杜鹃矮曲林，多分布
在华东、华中（浙江、江西、湖北等省）海拔 1700～2000 米的山顶；
杜鹃-越橘-八角矮曲林，主要分布在云南南部、中南部以及西南部海
拔 2100～3000 米的山地；倒卵叶石栎-杜鹃-越橘矮曲林，主要分布
在云南哀牢山北段海拔 2600～3000 米的山顶区域。在台湾山地鸳鸯湖
地区分布有台湾杜鹃-深红茵芋矮曲林。

福建武夷山山顶常绿阔叶矮林

◆ **外貌、结构与组成**

　　山顶常绿阔叶矮林群落结构与种类组成比较简单，一般具有一个 5～8 米的矮乔木层，以杜鹃花科的杜鹃属和越橘属占优势，混生有少量常绿阔叶林种类，灌木层以竹类为主或不明显，草本层稀疏。

◆ **价值与保育**

　　在山顶常绿阔叶矮林中，每年春天杜鹃花开时会形成天然的花海长廊景观。林内有大量苔藓植物，是天然的蓄水库。但由于其所处生境砾石密布、土层浅薄，破坏后难于恢复，应更加注重保护。

硬叶常绿阔叶林

　　硬叶常绿阔叶林是由硬叶常绿阔叶乔灌木组成，适应于夏干冬雨地中海型气候的森林植被。硬叶常绿阔叶树具有叶小型、厚革质、叶缘具锐齿、背面具毛、树皮粗糙的特点，具有典型的旱生生态特征。

◆ **地理分布与生境**

典型的硬叶常绿阔叶林分布在地中海地区，北美洲的西北角、南美洲的西南部、非洲西南角以及澳大利亚西南部地区也有分布。中国硬叶常绿阔叶林主要分布在川西、滇北高海拔山地，以及藏东南部分河谷，金沙江河谷两侧高山中部等区域。其分布的海拔范围主要在 2600～4000 米，个别地方可下延至 1500 米，最高海拔可达 4300 米。中国虽然没有典型的地中海型气候，但上述区域同样具有低温、干旱的生境特征。

◆ **主要类型**

地中海地区的常绿硬叶林以冬青栎、木栓栎、木樨榄为标志；北美洲西北部以荒叶栎、黄鳞栎为优势；南美洲西南部则以漆树科、蔷薇科及玉盘桂科特有科属种类为优势；非洲南部西南端以杜鹃花科、欧石南和山龙眼科特有种类为主；澳大利亚西南部和南部以边桉、异色桉等多种桉树为优势。

中国硬叶常绿阔叶林可分为栎类硬叶常绿阔叶林和栎类河谷硬叶常绿阔叶林两大类。栎类硬叶常绿阔叶林主要分布在川西、滇北的高海拔山地，组成树种主要有：川滇高山栎、黄背栎、帽斗栎、川西栎、高山栎等。栎类河谷硬叶常绿阔叶林主要分布在藏东南的部分河谷中，组成树种主要有：灰背栎、铁橡栎、锥连栎等。在土层深厚、排水良好、坡度平缓的生境中，硬叶常绿阔叶林可发育为高达 20～25 米的森林群落；但多数情况下，在土壤瘠薄干旱、多砾石的生境中，发育为高度 5～10 米的矮林或高灌丛，树干弯曲或呈无主干的萌生状，林下出现耐寒的灌木和草本植物。在气候寒冷的高海拔山地，该类型常以高 3 ～ 5 米的灌丛分布于土壤贫瘠的阳坡或半阳坡。硬叶常绿阔叶林群落结构简单，种类贫乏。

◆ **价值与保育**

硬叶常绿阔叶林所处地区的气候大都有类似地中海型的特点，经受低温干旱的胁迫，群落生长缓慢，一旦破坏，所需恢复时间漫长，对当地生态环境会造成大的影响，应注意加强保护。

中国的硬叶常绿阔叶林所处生境不具有典型地中海型气候，属于特殊的植被类型，它的出现有其历史和地理上的原因，可能是古地中海近海热带植被的后裔，由于喜马拉雅山的隆起、地理环境的改变而产生的分化和新的适应，因此被认为是世界硬叶林的一个亚洲山地变型，具有重要的研究价值。

栎类硬叶常绿阔叶林

栎类硬叶常绿阔叶林是主要由常绿硬叶的栎属高山栎组树种组成，适应于中山上部至亚高山地带干冷气候的硬叶常绿阔叶林。

◆ **地理分布与生境**

栎类硬叶常绿阔叶林主要分布在中国川西、滇西北以及青藏高原东南部的山地。其分布地点气候温凉，年平均温度小于 10℃，最热月均温不超过 20℃，年降水量 700 ～ 900 毫米，冬多霜雪，生长季短。栎类硬叶常绿阔叶林群落具有耐寒能力。

◆ 主要类型

川滇高山栎林主要分布于川西、滇西北以及藏东南山地上，海拔 2600 ～ 4300 米，是中国硬叶常绿阔叶林中分布范围最广、海拔最高的类型。黄背栎林主要分布于滇西北、滇北、四川西南部，海拔 2900 ～ 3900 米，多为石灰岩山地。高山栎林主要分布于中喜马拉雅以西地区，在西藏的吉隆、聂拉木一带也有分布，多出现在海拔 2500 ～ 3900 米的山地阳坡。

◆ 外貌、结构与组成

栎类硬叶常绿阔叶林群落外貌黄绿或暗绿色，高 20 米左右，某些极端生境下变为 1 米左右的矮灌丛。栎类硬叶常绿阔叶林群落一般分为 3 层，乔木层以川滇高山栎、黄背栎、高山栎等为单优势种，不同群落类型分别混生有高山松、云杉、冷杉等种类。灌木层常见花楸、杜鹃、绣线菊、忍冬、箭竹等。草本层常见堇菜、唐松草、兔儿风，某些类型蕨类植物较多。

◆ 价值与保育

栎类硬叶常绿阔叶林所处生境条件气候温凉、干旱，树木生长极其缓慢，破坏后极易形成灌丛和矮灌丛，同时其所处地区为金沙江、澜沧江、岷江、怒江的源头地区，具有重要的水源涵养、水土保持作用，应严格保护，充分发挥其生态作用。

栎类河谷硬叶常绿阔叶林

栎类河谷硬叶常绿阔叶林是主要由常绿硬叶栎属树种组成，适应于海拔 2600 米以下的干热河谷两侧山地温热干燥气候的硬叶常绿阔叶林。

◆ 地理分布与生境

栎类河谷硬叶常绿阔叶林主要分布在中国川西、滇北金沙江及其支流两侧的山地。其分布地点气候温热而干燥，年平均温度 15 ～ 18℃，最热月均温在 20℃ 以上，年降水量 700 ～ 900 毫米，无霜少雪，干冷同季。栎类河谷硬叶常绿阔叶林群落具有相当的耐旱能力。

◆ 主要类型

分布较广的铁橡栎林分布在金沙江下游及其支流峡谷两侧海拔 1600 ～ 2000 米的山地，分布地点为石灰岩坡地，岩石裸露、土壤瘠薄，峡谷气候干热，环境干燥。锥连栎林分布地区同上，不同点在于土壤类型为山地红壤。灰背栎林主要分布于川西稻城南部以及木里西北部海拔 1900 米左右的河谷两侧。

◆ 外貌、结构与组成

栎类河谷硬叶常绿阔叶林群落低矮，一般 6 ～ 8 米，可分为乔灌草 3 层。乔木层分别以铁橡栎、灰背栎、锥连栎为优势，常混生青冈、石栎、清香木等种类。不同植被类型灌木层组成种类差异较大，铁橡栎林灌木层主要以铁仔、细花梗筇竹梢、山蚂蟥为主；锥连栎林灌木层主要由坡柳、余甘子组成；灰背栎林灌木层种类较多，主要由异叶海桐及女贞属、五加属、鼠李属种类组成。草本层主要由禾本科植物组成。

◆ **价值与保育**

栎类河谷硬叶常绿阔叶林对于山地水源涵养、防止水土流失具有重要作用。硬叶栎类树种质地坚硬，耐磨耐腐，是重要的木材资源。为充分发挥该类森林的生态作用，应严格限制硬叶栎类木材资源的利用。

雨 林

雨林是分布在热带高温多雨地区，由热带种类组成的高大茂密、终年常绿的森林植被，是全球植被中发育最繁茂的植被类型。

◆ **地理分布与生境**

雨林主要分布在赤道两侧南北回归线间的高温多雨地区，主要包括：分布于美洲亚马孙河流域的美洲雨林，分布于非洲西南部的非洲雨林，以及分布在亚洲的印度－马来雨林。雨林地区年平均温度在 20～28℃，最冷月平均温度很少低于 25℃；年降水量多在 2500～4000 毫米，季节分配较均匀，相对湿度均在 80% 以上；土壤为砖红壤，养分贫瘠。

中国的雨林属于亚洲雨林，主要分布在台湾的南部、广东和广西南部、云南南部及西藏的东南部地区。中国雨林分布地区处于亚洲雨林北缘，水热条件相对较差，年平均温度 22～26℃，最冷月均温 18℃左右；年均降水量一般在 2000 毫米以上，局部可达 3000～5000 毫米。

◆ **主要类型**

美洲雨林主要由桃金娘科、豆科、芸香科、棕榈科植物组成，乔木层以榕属、木棉属、橡胶树属、可可占优势。非洲雨林拥有大量特有种，含有大量豆科、梧桐科、桑科、大戟科、番荔枝科植物，特征植物包括酒棕榈、桃花心木、非洲楝等。亚洲雨林以龙脑香科、大戟科、桃金娘科、豆科、桑科、茜草科植物占优势，其中龙脑香科含有 25 属 400 余种。中国雨林处于亚洲雨林的北缘，组成种类相对贫乏、群落结构趋于简单，如龙脑香科只有 5 属 12 种。

◆ **外貌、结构与组成**

雨林终年常绿，由 30～50 米的高大树木组成。群落分层复杂，乔木层可分 3～5 层，另有灌木层、草本层，各层界限不明显。木质藤本植物发达，一般长 70 余米，主要为省藤属、藤棕属植物。附生植物丰富，主要由天南星科、萝藦科、兰科、茜草科及蕨类植物组成。直接在树干上开花结果的茎花现象是雨林的特征，主要包括桑科榕属、波罗蜜属及大戟科植物，总计约 1000 余种。巨大的板根和绞杀植物是雨林的另一特征。

中国的雨林可伸展至北纬 25°，已到热带北缘，由于受季风影响，无论是种类组成，还是外貌结构，都与典型赤道雨林不同。中国雨林在外貌结构上，虽也具有雨林各种重要特征和景象，然而，林木一般高度仅为 30～40 米，个别类型可达 50～60 米。附生植物以蕨类植物占优势，兰科附生植物相对较少，种类较为贫乏，绞杀植物仅限于榕属植物，叶型相对较小。某些树种在干季有一个短暂而集中的换叶期，表现出一定程度的季节性。

◆ 价值与保育

雨林植物资源丰富，除了纤维、油料、药用植物外，还拥有大量的珍贵木材资源，如油丹、青皮、坡垒、龙脑香、天料木、金刀木、楠木等，具有很高的经济价值。雨林具有很高的生物多样性和生产力，是物种多样性的宝库和重要的碳库，生态价值很高，应加强保护和合理利用。

云南龙脑香林

云南龙脑香林是以云南龙脑香为优势种或标志种的雨林。

◆ 地理分布与生境

云南龙脑香林在中国分布在滇东南红河州南部的河口、金平一带。龙脑香林多分布在海拔 500 米以下的沟谷两侧坡面上，有时也可沿河谷走廊上升到 700 米高度。其所在地深受西南季风影响，气温高而雨量丰沛，终年湿热，土层深厚、肥沃、湿润，雨林发育繁茂。

◆ 外貌、结构与组成

云南龙脑香林群落种类组成丰富，绝大部分属于古热带成分，与亚洲雨林成分有着密切联系。上层乔木高 30～40 米，以常绿种占优势，其中云南龙脑香、毛坡垒、隐翼等均属亚洲典型雨林种类。第二、三乔木层全部为常绿种类，多数耐荫且具有滴水叶尖，如金刀木、缅漆、钝叶桂、云南崖摩、柄果木等。小乔木及灌木层种类也很丰富，以紫金牛科、茜草科、棕榈科植物居多。草本层中出现原始莲座蕨、云南莲座蕨等大型蕨类。藤本植物中包括薄竹和爬树蕨、藤蕨等，附生植物中以天南星科植物、兰科植物和蕨类植物为主。

◆ **价值与保育**

云南龙脑香林种类组成和结构接近于东南亚的印度 – 马来西亚雨林，但龙脑香科的种类贫乏，物种多样性较低，是雨林向季节雨林过渡的类型。云南龙脑香林是中国最类似于亚洲雨林的一种植被类型，是其北部边缘一种地理变型，具有很高的科研价值，应加强保护，并开展深入的科学研究。

季雨林

季雨林是分布在热带季风气候带内，由部分落叶树种组成，并具有明显的季节变化的热带森林植被。

◆ **地理分布与生境**

季雨林为热带季风气候带的地带性植被，在世界上不连续地分布于亚洲、非洲和美洲等热带季风地区，以东南亚地区的群落最为典型。季雨林在印度的德干高原、缅甸、泰国、越南，以及加里曼丹、苏拉威西、伊里安、帝汶等岛屿受热带季风影响的区域都有分布。季雨林分布地区为热带季风气候，年平均温度 20 ～ 25℃，最冷月均温

10 ～ 13℃，降水量 800 ～ 1800 毫米，季节分配不均，具有明显的干湿季区分。

中国热带地区虽属热带季风气候，但由于地处热带北缘，且东部在东南季风控制下，水湿条件较好，季雨林发育不及东南亚地区典型。中国季雨林主要分布在台湾、广东、广西、云南和西藏的热带区域。

◆ 主要类型

季雨林处于热带季风气候区，根据干燥程度不同所表现的落叶程度差异，可分为落叶季雨林、半常绿季雨林等类型。该植被类型在亚洲称为季雨林，在非洲称为混合落叶林、干燥常绿林或潮湿半落叶林，在美洲称为季节林。

中国的季雨林主要可划分为落叶季雨林、半落叶季雨林和石灰岩季雨林。落叶季雨林主要分布在海南岛西部和云南南部干热河谷和盆地中，由热带落叶树种组成；半落叶季雨林又称半常绿季雨林，主要分布在台湾南部、广东及广西南部、海南岛、云南南部等地，群落基本由常绿和落叶树种混合组成；石灰岩季雨林主要分布在广西和云南南部，具有明显的耐旱特征。

◆ 外貌、结构与组成

季雨林的特征是干季全部落叶或部分落叶，群落高度不及雨林，树干分枝较低，树皮较厚而粗糙，板根不发达，茎花现象、大型木质藤本及附生植物不及雨林丰富。组成季雨林的植物种类繁多且富于热带性，据统计有 80% 以上的种类是泛热带成分。季雨林乔木层一般可分为 2 ～ 3 层，高度通常在 25 米以下，第一乔木层林冠稀疏，多数为落叶种，季节变化明显。组成乔木层的主要树种以桑科、楝科、无患子科、椴树科、千屈菜科、大戟科、榆科、橄榄科、番荔枝科、藤黄科、四树木科、山榄科、漆树科、木棉科、梧桐科和豆科属种为主，龙脑香科种类很少。不同群落类型灌木、草本层盖度及种类变化很大，有些群落灌木层稀疏，部分群落灌木层密集，主要以桃金娘科、茜草科、野牡丹科植物为主；草本以禾本科草本植物为主，另外一些群落以蕨类植物为主。

◆ 价值与保育

季雨林含有丰富的植物资源，如珍贵用材树种青皮、铁力木、擎天树、蚬木、金丝李、麻楝、鸡占等，药用和纤维植物钩藤、砂仁、金毛狗、省藤等，名贵芳香植物降香檀等，具有很高的经济价值。季雨林分布海拔较低，且含有大量珍贵植物资源，人为破坏严重，现存面积很小，对现存较好的植被区域应设立保护区严加保护和封育，同时加强对资源利用的管理。

望天树林

望天树林是以望天树为群落上层优势种的雨林。

◆ 地理分布与生境

望天树林为中国特有植被，分布于滇南西双版纳勐腊的补蚌地区。其分布区域为一南向开口的河谷，分布地点在海拔 700 ～ 1100 米的湿润沟谷和坡脚台地上。

◆ 外貌、结构与组成

典型的望天树林分布在低海拔区域，乔木一层高 50 余米，望天树占绝对优势；乔木二层高 30～35 米，多数种类是以千果榄仁、番龙眼为标志的季节雨林种类，如葱臭木、云南肉豆蔻、红光树、版纳柿、景洪暗罗、金刀木等。在海拔 1000 米左右，望天树高度降低、密度增加，群落中常混生樟科、壳斗科、山茶科常绿树种，显示出向常绿阔叶林过渡的特点。灌木层不发达，以望天树幼树占优势，伴生有假海桐、二室棒柄花、银叶巴豆等。草本层以各种蕨类植物常见。木质藤本植物丰富，附生植物发达。

◆ 价值与保育

望天树是龙脑香科植物中稀有的珍贵用材树种，木材质地性能良好，是难得的乡土造林树种，在科研和应用方面均具有重要意义。

竹　林

竹林是由禾本科竹亚科多年生木本竹类构成的阔叶林，除天然竹类群落外，也包括许多经人工栽培管理的群落。

◆ 地理分布与生境

竹类分布范围广，从赤道两侧直到温带地区都有分布，但绝大多数竹种主要分布在热带、亚热带地区。竹类适应性强，从河谷平原到丘陵山地都有分布，适生于各种土壤，绝大多数种类要求温暖、湿润的气候和较深厚肥沃的土壤。

中国竹林的地理分布范围很广，南自海南岛，北至黄河流域，东起台湾岛，西迄西藏的聂拉木地区。竹林天然分布范围大约在北纬18°～35°，东经90°～112°，在栽培条件下还可向南、向北推移。中国竹类在长江以南集中分布，主要分布在海拔100～800米的丘陵山地以及河谷平原，分布区年平均温度14～26℃，最冷月平均气温3～22℃，年平均降水量一般为1000～2000毫米。

◆ **主要类型和分布**

根据竹林单优势种的生态特性，竹林可分为三大主要类型：温性竹林、暖性竹林和热性竹林。温性竹林主要分布在亚热带的山地上，海拔多在1500米以上，有些种类分布到海拔3000米以上的高山，生境具有气温低、云雾大的特点，以箭竹属为主，其他还有箬竹属、玉山竹属等种类。暖性竹林主要分布在亚热带常绿阔叶林区域，生境条件温暖湿润。在中国主要分布在黄河流域以南、长江流域到南岭山地，约相当于北纬25°～37°，方竹属、刚竹属、唐竹属和慈竹属种类较多。热性竹林主要分布在热带地区，具有高温多雨的生境特点，以丛生竹为主，组成种类多样。在中国分布于热带和亚热带南部地区，包括台湾、福建、广东、广西、海南、贵州、云南等地南部河谷平原和丘陵山地。

◆ **外貌、结构与组成**

竹林种类组成、群落结构、生态外貌等方面都很特殊，这与竹类植物的生长发育特性有关。一般竹类的繁殖均以无性繁殖为主,其地下茎在土内蔓延扩展,竹笋长出地面后形成竹秆,所以竹林往往是单优势种群落,群落结构简单、外貌整齐。

◆ **价值与保育**

竹类资源有着悠久的利用历史,如用于建造房屋、搭建脚手架、制作竹筏,编制各种生活器具、制作乐器等。竹笋也是人们喜爱的食物。随着工业的发展,竹类还用于造纸和制造胶合板。竹林还是优美的园林景观。全世界竹类植物约 62 属 1000 种以上,中国有 26 属近 300 种,但人类利用的只是其中很小一部分,应建立竹类植物种子资源库,加强物种资源的保护和利用。

毛竹林

毛竹林是以毛竹为单优势种的竹林。

◆ **地理分布与生境**

毛竹为中国特有种,18 世纪引入日本,后引入东南亚及北美地区。毛竹林是中国竹林中分布最广的一种植被类型。东起台湾,西至云南、四川,南自广东和广西的中部,北至陕西、河南的南部,从平原到海拔800 米山地都有大面积的毛竹人工林和天然林分布,其中以长江流域各省分布面积较大。毛竹适生于气候温暖湿润,土层深厚、肥沃和排水良好的生境,常与常绿阔叶林交错分布或形成毛竹与常绿阔叶树的混交林。

◆ **外貌、结构与组成**

毛竹林外貌整齐,结构单一,林高一般为 10 ～ 20 米。毛竹人工林冠层密度高，林下空旷，灌木、草本植物稀少。天然毛竹林中多混生有常绿阔叶树，或其他相邻森林群落种类。

江苏无锡毛竹林

◆ **价值与保育**

毛竹秆形粗大端直，材质坚硬强韧，是用途多样的优良竹种。除毛竹笋为优良蔬菜外，秆材常用于建筑、编织等。随着新的加工技术的发展，进一步拓展了其利用范围，如竹地板、竹家具等。

第 3 章

针阔叶混交林

针阔叶混交林是由针叶树和阔叶树组成乔木层共优势种的森林植被。

◆ **地理分布与生境**

针阔叶混交林广泛分
布于欧亚大陆、北美洲的温
带至亚热带山地。在中国境
内，针阔叶混交林主要分布
于东北、华北、西北东南部、
西南、华东、华南以及台湾
中央山脉。其常生长于海拔

中国台湾合欢山台湾铁杉林外貌

250 ～ 3100 米的中低山地，地形陡峭或平缓；处在温带至亚热带海洋
性季风气候区，由于山地对气候的调节作用，生长季节温凉湿润，年均
温度 -3 ～ 15℃，年均降水量 500 ～ 1500 毫米。针阔叶混交林分布区
土壤为酸性暗棕壤和棕色森林土，林地铺满枯枝落叶层，腐殖质层发达。

◆ **外貌、结构与组成**

针阔叶混交林群落外貌呈现针阔叶树参差交错的特征，二者的相对
比重取决于环境条件。一般状况是从低纬度到高纬度，或从低海拔到高

中国台湾合欢山台湾铁杉林结构

海拔，阔叶树逐渐减少，针叶树逐渐增加。乔木层垂直结构复杂，物种组成丰富，通常有 2 ～ 3 层；针叶树位居大乔木层，高度达 60 米，物种主要来自松属、铁杉属、落叶松属、云杉属和冷杉属的物种，如红松、华山松、黄花落叶松、臭冷杉、铁杉、长白鱼鳞云杉、红皮云杉、丽江云杉、台湾云杉、麦吊云杉、油麦吊云杉、黄果冷杉、台湾冷杉等；中、小乔木层主要由阔叶树和上层乔木的幼树组成，包括栎、水青冈、槭、木荷、杜鹃、八角等。林下通常有灌木层和草本层发育，常见灌木有茶藨子、卫矛、蔷薇、铁仔、忍冬等。草本层较发达，主要由直立杂草、根茎薹草、葱类和蕨类组成，包括薹草、鹿药、鹿蹄草、大果鳞毛蕨、普通铁线蕨等。藤本植物较多，常见有盘叶忍冬、山葡萄、北五味子、狗枣猕猴桃等。在亚热带季风气候区，林下有明显的箭竹和杜鹃层片，林内苔藓常密布在树干、树枝和地表岩石上。

◆ 价值与保育

从植被的地带性特征看，无论是水平分布还是垂直分布，针阔叶混交林均处在阔叶林与针叶林的过渡地带，是表征环境梯度变化的重要植被类型。在亚热带季风气候区，针阔叶混交林处在常绿阔叶林、季风常绿阔叶林与暖性针叶林的过渡地带；在暖温带至温带季风气候区，其处在落叶阔叶林与温性或寒温性针叶林的过渡地带。在亚欧内陆干旱区的山地，有寒温性针叶林，却没有针阔混交林，主要是气候干燥、寒冷所致。以铁杉和红松为优势种群落是较为典型的针阔叶混交林。针阔叶混交林砍伐较重，原始森林较少，多为次生林，要防止滥砍滥伐和过牧，加强火灾、生物入侵和病虫害的监控和防治，采用合理人工抚育措施，优化群落的结构和组成。

红松针阔叶混交林

红松针阔叶混交林是以红松与其他针阔叶树为共优势种的森林植被，是典型的针阔叶混交林。

◆ 地理分布与生境

红松针阔叶混交林分布于中国东北、俄罗斯远东地区的阿穆尔及沿海地区、朝鲜北部和日本北海道；在中国东北主要分布于长白山、老爷岭、张广才岭、完达山和小兴安岭的低山和中山地带，海拔 250～1300 米。红松针阔叶混交林处在温带海洋性季风气候区，冬季严寒积雪，夏季温暖湿润，年均温度 0～6℃，年均降水量 500～1100 毫米；主要生长在山地缓坡地带，土壤为暗棕壤。

◆ 外貌、结构与组成

红松针阔叶混交林乔木层高度达 35 米，可划分出若

中国小兴安岭红松针阔混交林外貌

中国小兴安岭红松针阔混交林结构

干个亚层，具有复层异林龄结构；红松可与多种针阔叶树组成共优势种，包括黄花落叶松、臭冷杉、长白鱼鳞云杉、红皮云杉、槭、桦、椴、蒙古栎等。灌木稀疏低矮，由温性落叶灌木组成，包括毛榛、茶藨子、蔷薇、山梅花、丁香等。藤本植物有山葡萄、北五味子、狗枣猕猴桃等。草本层发达，由薹草、根茎葱类、直立或蔓生杂草和蕨类组成，常见种类有舞鹤草、七筋菇、肾叶鹿蹄草、唢呐草、白花酢浆草、鳞毛蕨、假冷蕨、欧洲羽节蕨等。苔藓缺失或呈斑块状。

◆ **价值与保育**

红松针阔叶混交林是中国东北地区中低海拔地带典型植被类型，具有重要的生态和经济价值。其在20世纪中后期曾经历了高强度的采伐，保存下来的森林多处在植被破坏后的恢复过程中，林内灌草密集，风灾的风险较大。在自然保护区内尚有小片的原始森林，宜采取封山育林措施加强保护；此外要加大火灾和病虫害的监控和防治的力度，防止滥砍滥伐以及森林旅游产业对森林的过度干扰。

铁杉针阔叶混交林

铁杉针阔叶混交林是由铁杉与其他针阔叶树种混交而组成的针阔叶

混交林。

◆ **地理分布与生境**

铁杉针阔叶混交林分布于中国甘肃南部、四川西部、云南中南部和西部、西藏东南部、陕西南部、河南西部、华东、华南以及台湾中央山脉；常生长在山地中海拔地带，位于中亚热带常绿阔叶林和南亚热带的季风常绿阔叶林的上部，垂直分布范围 1600～3100 米。铁杉针阔叶混交林适应温暖湿润的云雾带生境，与同域生长的云、冷杉林相比较，其习性偏阳，可生长在山地半阴坡、半阳坡至阳坡；林下通常有深厚的腐殖质层，土壤为酸性棕色森林土。

◆ **外貌、结构与组成**

铁杉针阔叶混交林外貌参差不齐，墨绿、深绿和浅绿相间，树枝和树干上挂满松萝，林下常有箭竹和杜鹃生长，开花时节色泽斑斓，故有五花木之称。

乔木层郁闭度达 0.7，高度达 30 米，由多种针阔叶乔木组成；常绿针叶树包括铁杉、台湾铁杉、云南铁杉、台湾云杉、麦吊云杉、怒江冷杉、南方红豆杉等；落叶阔叶树常见有槭、桦、栎等，常绿阔叶树包括青冈、栲等。林下或有明显的箭竹和杜鹃层片，伴生种类由常绿阔落叶灌木和藤木组成，包括润楠、菝葜、荚蒾、小檗、茶藨子、

中国四川贡嘎山海螺沟铁杉针阔叶混交林外貌

中国四川贡嘎山海螺沟铁杉针阔叶混交林结构

忍冬等。草本层较发达，大花糙苏、粗齿冷水花、大果鳞毛蕨等常组成高大草本层；东方草莓、酢浆草、钝叶楼梯草等贴地生长，组成低矮的草本层片。苔藓呈斑块状生长在枯树桩、树干基部和岩石陡坡上。

◆ 价值与保育

铁杉针阔叶混交林是暖温带至亚热带山地的重要森林类型，处在常绿落叶阔叶林与温性、寒温性针叶林垂直分布的过渡区，物种多样性较高，群落类型复杂。铁杉针阔叶混交林垂直分布范围海拔较低，经历了较严重的砍伐，在自然保护区内或在人迹罕至的偏僻山区尚有少量的原始森林，宜加强保护力度，防控火灾、生物入侵和病虫害，杜绝滥砍滥伐。

第 4 章

森林功能与保护

森林功能

森林生产力

森林生产力是单位林地面积上单位时间内所生产的生物量，是表示森林生态系统的结构和功能特征的重要指标之一。

◆ **词源**

森林生产力的研究是国际生物学规划的重要研究内容。生态系统生产力的研究自 20 世纪 60 年代以来，发展迅速，甚至成为生态学中的一个新的领域——生产力生态学。

森林生物量研究始于 1876 年，E.埃贝迈尔发表的德国几种主要森林的枝叶凋落量和木材重量数据。20 世纪 50 年代初期，国际上开始重视森林生物量研究。此后在国际生物学规划和人与生物圈计划的推动下，学者们研究了地球上主要森林植被类型的生物量和生产力及其区域地理分布规律、植被生产力与气候因子和植物群落分布之间的关系，估算了地球生物圈的生物总量。森林在陆地生态系统的碳循环的作用，进一步推动了森林生物量和生产力的研究。中国森林生物量与生产力的研究开始于 20 世纪 70 年代后期，随后逐步建立了主要森林树种的生物量测定相对生长方程，用以估算森林生物量和生产力。

森林生产力是表示森林生态系统的结构和功能特征的重要指标之一。任何一个生态系统中的能量流动都始于绿色植物光合作用固定的太阳能。森林生产力的大小是森林中植物（乔灌木和草本植物）和其他生物（动物、微生物等）、土壤（土壤质地、营养元素等）、气候（如光、温度、湿度和降水等）以及人为干扰等状况的一个综合反映。森林生态系统中能量流动与物质循环的研究都靠生产力的测定提供基础资料，即从生产力的测定开始研究各种森林群落中物质与能量及其固定、消耗、分配、积累与转换的特点。因此，森林生产力的调查是正确认识、管理和利用森林生态系统的基础。

◆ 森林生物量、生产量和生产力

森林生物量

森林生物量是森林植物群落在生命过程中所生产干物质的积累量，是森林生态系统的最基本数量特征。森林生物量既表明森林的经营水平和开发利用价值，同时又反映森林与环境在物质循环和能量流动上的复杂关系，因此是研究许多林业问题和生态问题的基础。森林生物量测定以树木生物量测定为主。森林的生物量受到诸如林龄、密度、立地条件和经营措施的影响，变动幅度非常大。同一林分内即使胸径和树高相同的林木，其树冠大小及单位材积干物质重量也不相同。在同龄林内，由于林木大小不同，根、干、枝叶干物质量对全株所占比率也不相似。森林生态系统的复杂性和森林生物量构成的多样性，一方面给生物量调查造成了许多困难；另一方面，森林生态系统结构具有相对的稳定性，使得森林生态系统形成长期稳定的森林结构，这为测定和了解森林生态系统的结构和功能提供了许多有利条件。因此，怎样采取有效的方法调查森林生物量显然是一项重要的工作。

森林生产量

森林生产量是森林生态系统中所有绿色植物由光合作用所生产的有机物质总量，称为总第一性生产量。因绿色植物利用光能合成的有机物质总量是地球上最初和最基础的能量储存，故又称为总初级生产量。总第一性生产量或总初级生产量，也可简称为总生产量。在初级生产量中，也就是说在植物所固定的能量或所制造的有机物质中，有一部分被植物自身的呼吸消耗了（呼吸过程和光合作用是两个完全相反的过程），剩下的部分才以可见有机物质的形式用于植物的生长和生殖，所以把这一部分生产量称为净初级生产量，而把包括呼吸消耗在内的全部生产量称为总初级生产量。从总初级生产量减去植物呼吸所消耗的能量就是净初级生产量。净初级生产量代表着植物净剩下来可提供给生态系统中其他生物（主要是各种动物和人）利用的能量。通常情况下，生产量可用生产的有机物质干重（克）、体积（立方米）、个体数或所固定的能量值（焦耳）表示。

森林生产力

当第一性生产量用单位时间和单位面积上积累的有机物质的量表示时，其所指示的含义是绿色植物积累或固定有机物质的速率。这样，可将第一性生产积累有机物质的速率称为第一性生产力或初级生产力。植被的第一性生产力可用总第一性生产力和净第一性生产力表示。初级生产力通常用每年每平方米所生产的有机物质干重或每年每平方米所固定能量值表示。克和焦耳之间可以相互换算，其换算关系依动植物组织而不同，植物组织（干重）平均 1 千克换算为 1.8×10^4 焦耳，动物组织（干重）平均 1 千克换算为 2.0×10^4 焦耳热量值。

生产量与生产力这两个概念既有区别又有联系。二者的区别在于，前者所表示的是"量"的大小，后者所表示的是速率，是"速度"的概念；二者的联系是，当用单位时间和单位面积来表示生产量时，生产量与生产力是一致的。

◆ 生物量和现存量

生物量

生物量是指任一时间区间某一特定区域内生态系统中绿色植物净第一性生产量的累积量，即某一时刻的生物量也就是在此时刻以前生态系统所累积下来的活有机物质量的总和。生物量的单位通常用平均每平方米生物体的干重或能量表示。净生产量用于植物的生长和生殖，因此随着时间的推移，植物逐渐长大，数量逐渐增多，而构成植物体的有机物质（包括根、茎、叶、花、果等）也就越积越多。逐渐积累下来的这些净生产量，一部分可能随着季节的变化枯死凋落而被分解，另一部分则以生活有机质的形式长期积存在生态系统之中。森林的生物量可以分为地上、地下两部分，地上生物量包括乔木树干、树枝、叶、花、果以及灌木、草等植被的重量，地下部分则指植物的根系重量。

现存量

现存量是指在某一特定时刻调查时，森林生态系统单位面积上所积存的有机物质的重量。严格地讲，现存量并不等于生物量。实际工作中生物量的精确测定非常复杂和困难，通常用对现存量的测定来估算生物量。人们往往并不严格注意到现存量与生物量的差别，而把它们看成是同义词。

◆ 净生产力和连年生产力

在林学中，净生产力可分为平均净生产力与连年生产力两种。平均净生产力是森林植物群落生物量被年龄所除之商，一般用 Qw 表示。连年净生产力是森林群落某年的生物量与其上一年生物量之差，以表示具体某一年的净生产力，一般用 Zw 表示。

森林中动物和微生物等异养生物虽然也能制造有机物质和固定能量，但它们不是直接利用太阳能，而是靠消耗植物的初级生产量，因此，动物和其他异养生物的生产量称为次级生产量或第二性生产量，其生产力也相应地被称为次级生产力或第二性生产力。在林学中，森林植物群落的初级生产力占森林生态系统生产力的主要地位，同时，动物和其他异养生物的生产力测定也比较复杂和困难，一般未涉及。森林次级生产力的资料很少。一般来讲，我们所谈及的森林生产力就是指森林生态系统中的初级生产力。但是，动物和其他异养生物在生态系统中的作用和功能非常重要。相信随着对森林生态系统认识的不断深入以及研究方法和手段的提高，科学家将会对森林的次级生产力研究给予更多的关注。

◆ 森林生产力的组成和结构

森林不同组分的生物量

构成森林的主要生物成分包括乔木、灌木、草本植物、苔藓植物、藤本植物以及凋落物层等。乔木层的生物量是森林生物量的主体，一般占森林总生物量的 90% 以上。在人工林中乔木生物量占 99%，灌木和草本植物所占的比例很少。

森林植物不同组成分量的生物量结构

森林树木或植物的净生产量分别用来生长根、茎、叶、花和种子，因此，植物各部分所占总生物量的比例是不同的。植物的地下生物量和地上生物量有时差异也很大。地下生物量和地上生物量的比值（简称 R/S）如果很高，就表明植物对于水分和营养物质具有比较强的竞争能力，能够生活在比较贫瘠恶劣的环境中，因此它们把大部分净生物量都用于发展根系了。如果 R/S 的值很低，说明植物能够利用较多的日光能，具有比较高的生产能力。

森林生物量的垂直结构

森林生物量存在着明显的垂直分布现象。森林叶生物量的垂直分布影响着森林内的透光性，从而也影响着生物量在森林中的垂直分布。在森林中，最大光合作用生物量以及最大净生产量都不是在树冠的最顶部，而是在最大光强度以下的某处。尽管植物种类和植物类型可能有很大差异，但各种森林生物量的垂直剖面图却十分相似。

◆ 研究的意义

森林生产力是研究森林生态系统结构和功能的基本数据之一，其研究主要有 3 个方面的意义：①在全球或区域的尺度上通过对森林生物量和生产力的地理空间分布规律，以及与气候因子、植物群落分布之间关系的研究，可以估算地球生物圈的承载能力。森林具有减缓温室效应的作用，森林生物量和生产力的研究与森林碳汇功能紧密结合起来，使森林的生物量和生产力成为新的研究热点。②在生态系统的尺度上，某一森林生态系统生物产量的分布格局和机理可用来揭示生态系统生产力与环境的关系，探索维持持久林地生产力和健康森林生态系统的内在生理要素和外在生态条件，为评价森林的可持续经营提供理论依据。③森林生物量作为可再生的生物能源，通过生物技术措施来提高短轮伐期能源林的生物产量和生产力水平、能源林收获与加工贮存以及能源转换利用等均是森林生物量的主要研究内容。此外，中国森林植被的碳汇功能在显著增加，人工林碳汇的增长占中国森林总碳汇增长量的 80%。森林生产力的研究对减缓温室气体浓度升高和全球变暖具有积极的意义。同时，定量研究森林生态系统各个成分的生产力是研究森林物质循环和能量转移的基础，有助于阐明生态系统各组分间物质与能量积累、分配和转运的特点，对于探索不断提高森林生产力的途径和开展全林利用、全株利用都具有极其重要的意义。

森林生态系统服务

森林生态系统服务是生态系统与生态过程所形成和维持的人类赖以生存的自然环境条件与效用，是人类文明和可持续发展的基础。它不仅提供人类生存所必需的食物、医药及工农业生产原料，而且维持人类赖以生存和发展的生命支持系统，包括供给服务（如生产提供人类需要的食物、木材、水等产品）、调节服务（如控制洪水和疾病等对人类生存环境的调节）、文化服务（指通过精神感受、知识获取、主观映象、消遣娱乐和美学体验等获得的非物质利益）以及支持服务（指保证提供其他生态系统服务所必需的基础功能，其对人类的影响是间接的或通过较长时间才能发生的，这不同于相对直接和短期影响人类的其他类型服务，如维持生命生存环境的养分循环）。根据影响的时间尺度和直接程度，一些服务（如控制土壤侵蚀）可分别归类为支持功能和调节功能。生态系统服务包括价值评估和功能量化两方面。

◆ **价值评估**

生态系统服务只有小部分能进入市场交易，而大多数属公共产品，无法市场交易。开展生态系统服务功能价值评估的意义在于提高人们的环境意识，促使商品观念转变（认识到不能进入市场的生态系统服务价值并寻找保护资金的来源），促进将环境纳入国民经济核算体系（纠正仅考虑直接产品价值的现行国民经济核算体系中忽视生态环境资源基础的错误导向，从而使经济社会持续健康发展），实现环保措施的科学评价（除费用效益分析外，增加考虑环境质量损失或避免损失的价值），奠定生态功能区划和生态建设规划的基础（如区分生态系统的重要性，确定敏感性空间分布以及优先保护生态系统和优先保护区，指导采取合理保护与管理措施）。

◆ **功能量化**

森林在调节生物圈、大气圈、水圈、地圈动态平衡中具有重要作用，森林提供的生态系统服务是全球生态系统服务的重要组分，分为供给服务、调节服务、文化服务及支持服务等，主要包括产品供给、涵养水源、保育土壤、固碳释氧、净化环境等功能。①提供林副产品是森林最重要的服务功能，除木材和燃料外，还有很多重要的食物和工业原料，都是人类生存依赖的物质基础。②涵养水源功能指森林通过对降水的截留、吸收和贮存，能够减少或避免形成有害的地表径流，转为形成壤中流、基流和地下水，从而发挥减少洪水、调节径流、改善水质等效益，这样就增加了降水资源的可利用性，并减少了水灾害及相关损失；但干旱缺水地区大规模造林会导致流域产流减少和土壤干化，在降水不足和土壤偏薄的条件下可能也不会产生增加枯水径流的作用，不能一概而论。③保育土壤功能是指森林通过活地被层及凋落物层保护地面免遭水滴击溅和径流冲蚀，并通过根系固持土壤而防止崩塌，从而减少土壤流失、防止肥力损失、维持丰富的土壤生物类群、改善土壤化学性质和物理结构，从而维持森林的水文调节能力。④固碳释氧功能是指森林通过生物量碳库、土壤有机碳库、枯落物碳库和动物碳库而固定碳素，并通过光合作用制造氧气的功能。森林是最主要的陆地碳库，对现在及未来的气候变化和碳平衡都有重要影响；要注意同时维持植被碳库和土壤碳库，避免造林和营林过程中的过度土壤干扰导致的土壤碳排放和整体碳汇功能降低。⑤净化环境功能指森林对大气污染物（如二氧化硫、氟化物、氮氧化物、粉尘、重金属等）的吸收、过滤、阻隔和分解作用，也包括阻滞粉尘、杀灭病菌、降低噪声、提供负离子和萜烯类（如芬多精）物质等功能；但森林吸纳污染物的能力是有限的，超过森林的最大负荷会造成树木本身及森林土壤受害，在充分利用森林净化环境功能的同时也应努力维持森林健康。此外，防风固沙、调节气候、保护生物多样性、承载文化、休闲旅游等也是森林的重要服务功能。

森林生态旅游

森林生态旅游是在被保护的天然或人工森林生态环境中，以自然森林景观为主体，融合区域人文、社会景观所展开的森林旅游活动。

森林生态旅游包括游乐、休憩、森林浴、动植物观赏、

香格里拉市纳帕海自然保护区风光

徒步越野、登高爬山等。森林生态旅游以合理利用森林风景资源、优化森林生态环境为目的，具有知识性、参与性、审美性、情趣性和绿色环保的特点。

游人在湖南张家界国家森林公园乘观光电车

森林生态旅游有四大资源类型：①自然保护区，是保护、监测和研究自然环境和自然资源的特定地域，具有典型的森林生态系统和独特的地理环境，自然景观丰富集中，体现较高的旅游价

值。②森林公园，是以森林
自然环境为依托，对各类景
观资源进行调理，设计出的
风景宜人且满足人们观赏需
要的公园。③风景名胜区，
为保存良好的、具有典型的
自然和人文景观的生态环境，

宁波市植物园初冬景致

其大多包含珍贵的历史文化遗迹及民族文化风情，是中国重要的旅游资
源。④植物园，是根据植物的生态原理进行分类、配置植物并建立展示
区，从而构成的植物群落和植物景观，是大多数都市居民和青少年学生
游览、考察植物的良好去处。

森林碳汇

森林碳汇是森林植物通过光合作用，吸收大气中的二氧化碳并将其
固定在植被或土壤中的过程。

森林碳汇可降低大气中的二氧化碳浓度，减缓全球变暖趋势。森林
是陆地生态系统中最大的碳储存库，包括地上生物量、地下生物量、枯
落物、枯死木和土壤有机碳库。此外，采伐的木质林产品因其能够长期
储存固定的二氧化碳，也是一个重要的碳库。

许多国家和国际组织都在积极利用森林碳汇应对气候变化。增加和
保护森林碳汇，是经济实用、成本较低的重要减缓全球变暖趋势措施。
增加森林碳汇可通过扩大森林面积和提高森林质量来实现；通过加强森

林管理，减少毁林和防止森林退化，加强森林防火和森林病虫害防治等措施，可以有效保护森林碳汇，减少森林碳损失并防止固定的碳重新释放到大气中。

水源涵养

水源涵养是在森林通过其系统结构和空间格局与气象、地形、土壤等其他因素共同影响一系列水文过程之后，所产生的对径流的调节作用。

森林的水源涵养作用，首先体现在削减洪峰、减少洪水危害方面，其次是可能存在的增加枯水流量、保障供水安全方面，还可包括森林对年径流的调节作用。在气候不稳定、缺少森林植被覆盖、旱涝灾害频繁的中国需通过努力，增强和充分利用森林植被的水源涵养功能，来减少自然灾害和保障可持续发展。但是，森林水源涵养作用远比平常想象的复杂很多，绝不是"森林像水库，水多它能吞，水少它能吐"那样简单。

洪水是最常见的自然灾害，包括大洪水及中、小洪水，都需努力预防和减小灾害。影响洪水形成的因素很多，除作为最主要因素的暴雨外，还与流域地形、河槽特点及人为活动等有关，森林植被也能在一定程度上消减洪水，这是植被截持、蒸腾蒸发、土壤蓄渗等环节的综合作用。一般林冠可截留 15% ～ 40% 的降水，林地枯落物吸附自重 2 ～ 5 倍的降水，地表覆盖可维持土壤结构和入渗能力，森林根系和土壤动物会增加土壤大孔隙，从而减少地表径流的数量及流速，降低快速汇流形成的洪峰流量和推迟洪峰出现时间。学术界对森林消减洪水径流的作用并无异议，只是在消减幅度上的认识差异较大。森林减洪作用的根本是其能维持土壤存在和增加土壤持水能力，如 1 米厚的森林土壤可蓄水 250 ~ 300 毫米，森林蒸腾还能使土壤库容不断恢复，这常被描述为"海绵作用"，即森林吸收暴雨后缓慢释放，从而减少洪水的总量和降低洪峰。正是基于这种认识，很多饱受洪水危害的国家（如中国、印度、尼泊尔和孟加拉国）都投入巨资保护森林和造林。然而研究表明，森林并不能避免极端暴雨导致的大洪水，因土壤饱和后将失去调控能力，所以森林调控洪水作用主要在中、小洪水和局部洪水中发挥，森林也不能替代堤坝、水库等水利防洪工程。但这是从一场洪水过程的短时间尺度进行的分析，若从长时间尺度来看，森林仍可通过减少土壤流失和水体淤塞而一定程度地影响大洪水，因为坡面土壤流失必然导致土壤持水能力降低、水体调控库容减少、河道行洪能力减弱和水利抗洪工程寿命缩短。因此，要有效减免洪水发生，提高中国水安全等级，就需充分利用森林削减洪水的有益作用。

除削减洪水作用外，森林对枯水流量和年流量的水量调节作用也很重要，这是因为随着中国各地社会经济快速发展和人民生活用水需求迅速增加，水资源不足越来越成为重大限制因素，尤其在西北、华北等严重缺水地区，即使在南方多雨区，由于气候变化带来的降水不稳定性，也越来越多地出现季节性缺水，造成工农业生产和人民生活巨大损失。干旱缺水是中国最为常见、面积最广、造成损失最大的灾害类型，必须采取综合措施预防和治理。国外对森林影响径流的研究表明，在获得森林多种服务功能时是有耗水成本的，林业发展和森林经营需考虑对流域产流的影响，追求林水协调发展。

截至 2017 年，中国在西北地区进行的造林影响径流研究表明，广大干旱缺水地区的林业发展必须基于当地水资源承载森林植被的能力（包括考虑抗旱稳定性和满足流域产流供水安全），合理确定森林的覆盖率大小、空间分布和林分结构。但在广东的统计分析表明，1956 ～ 2006 年，50 年的林业建设使森林覆盖率增加（1956 年的 20% 到 2006 年的 57%），但并未使年径流明显降低，这可能和当地降水丰富有关，也可能和当地降水强度增大、森林质量变差等有关，还有待深入研究，但可肯定地说湿润地区造林的径流影响远低于干旱地区，因此林水关系协调管理的重点应在干旱缺水地区。

森林水文调节作用并不都是正面的，且其大小是有限的，也存在很大时空差异，但其科学利用却是有益的和非常重要的。森林水文调节作用涉及气候、地形、土壤、植被等自然因素，也越来越多地受到水利工程和社会经济用水的影响，是森林植被的数量、格局和结构（质量）等众多因素与其他因素对众多水文过程作用的综合结果。随着科学认识、基础数据和科研成果的积累，尤其是分布式流域生态水文模型的快速发展和广泛应用，对森林植被受水文影响的预测会越来越准确，从而使得林水协调管理、旱涝准确预报和相关灾害减免成为可能。

森林与气候

森林与气候之间存在相互作用、相互影响的关系。研究森林与气候的相互关系，对合理利用气候及森林资源，保护和恢复森林生态，应对气候变化，支撑社会经济可持续发展具有重要意义。

◆ 气候影响林木生长和森林分布

太阳辐射对森林的影响

太阳辐射能是自然环境中诸多要素发展变化的主要动力，是森林生态系统能量形成的基础。太阳辐射能与水分条件的不同组合，形成地球上不同的气候带和气候类型，影响树种、林种的地理分布和森林生产力的变化。

太阳辐射强度对树木生长及有机物质的积累有重要意义。光照强度变化在林木的光补偿点和饱和点之间，林木光合作用速率随光照强度的增加而增加。地球上日照时间长短随地理纬度和季节的变化而变化，植物通过感受昼夜长短变化而控制开花的现象称为光周期现象。根据光周期现象的不同，树木可分为长日照、短日照和中日照树木。了解树木光周期现象，对控制林木生殖生长和树木引种驯化有重要意义。

温度对森林的影响

每个树种的每个生长阶段有自己的最适温度。温度超过树种所适应的范围称为极限温度、过低温度和过高温度。多数温带树种，在5℃时开始萌发，10℃时开始生长，15℃以上才能开花。生长最适温度一般为25～30℃。在全球尺度上，温度是影响森林植被组分及分布的重要气候因素。在中国东部自南向北温度逐渐降低，气候带由热带、亚热带、暖温带到温带，与气候带相应的森林植被由热带雨林、季雨林、亚热带常绿阔叶林、暖温带落叶阔叶林、温带针阔混交林到寒带针叶林。

降水对森林的影响

水分是植物体的重要组成部分，林木枝叶及根系水分含量达50%以上，嫩叶含水量在80%～90%。水分是植物代谢过程中的必要介质，任何有机质的合成与分解必须有足够的水分。植物光合及蒸腾等生理活动强度、抗旱性及抗寒性均与水分密切相关。在光能与热量资源满足的条件下，降水是影响林木生长发育和森林生产力高低的主导气候因子。

影响林木生长发育的诸多环境因子中，自然降水的数量及其在年内的分布，强烈地制约着自然地理景观，决定着自然植被类型。年降水量小于250毫米的地区为荒漠或干旱草原，这一地区为灌溉农业区；年降水量在250～400毫米为草原或稀树草原，以畜牧业为主，水分条件稍好的局部地区可生长灌木林；年降水量在400毫米以上可以生长高大的乔木林。降水量由少变多，森林类型也逐渐发生变化，一般是从针叶林、落叶阔叶林过渡到针阔混交林、热带季雨林、雨林和湿生植物群落。

降水量的年际变化及年内分配状况不仅影响到林木生长发育，也影响到森林类型。例如在暖温带的大陆东岸，夏季湿热多雨，生长着高大的落叶乔木及部分针叶林树种；而在暖温带大陆西岸的地中海地区，冬季温暖多雨，有利于林木的越冬，而夏季炎热干燥，不利于林木的高生长。因此，地中海地区的森林以常绿的小乔木为主。

风对森林的影响

风影响林木生长发育，主要表现在以下几个方面：①风可以为林木带来水分。风在运动过程中，热空气与低温的冷空气横向流入，使风增加湿度下沉，为林木带来湿润的水分。同时，风还会带来降水。②风可以加快林木水分蒸腾。夏季干热风在运动过程中，使树木树冠、枝梢和叶面水分大量流失，树木加快蒸腾作用，不断向树冠补充水分，为树冠、枝梢和叶面降温。③风可以为林木提供养料。风在运动过程中，带起尘埃，由于风可以传播粉尘，为林木的土壤带来肥力。④风可以加快林木生长速度。多数树木依赖风的摇力作用，不断撕裂韧皮部的纤维束管，促使细胞加快分裂，修复韧皮部被撕裂的纤维束管，使树木的年轮加宽。速生树木的年轮宽，就是风造成的；路边杨树通风良好，为树提供了生长条件，因而长得快。

大气二氧化碳（CO_2）浓度对森林的影响

CO_2作为植物光合作用所必须的气候资源，其浓度的增加有利于植物光合作用，从而促进植物生长和发育。一般认为，CO_2浓度升高对林木生长和生物量的增加在短期内能起到促进作用，但是不能保证其长期持续地增加。大气中CO_2浓度上升及由此而引起的气候变化将影响森林的生产力。

气候变化对森林的影响

气候变化是指气候平均状态随时间的变化，即气候平均状态和离差（距平）两者中的一个或两个一起出现了统计意义上的显著变化。气候变化对森林群落和树种的空间分布、组成结构化、林木、生理生态、生物生产力和碳平衡等具有影响作用。

◆ 森林影响气候

森林影响气候主要表现在：森林能调节局地及区域气候、缓解气候变化。

森林对局地气候的调节机制源于树木的生理生态与物理作用，调节效应或程度与林区地理位置、森林面积大小、地形特点、林木种类、林型结构等因素有关。其主要特点如下：①太阳辐射和日照时数比空旷地区少。因为阳光投射到林冠时，有一部分被反射，大部分被吸收，仅有一小部分透过林冠到达林内，且强度和性质都发生了变化。②森林内气温变化缓和。白天林内太阳辐射量少，树木蒸腾耗热，气温比林外空旷地区低，夜间林外空旷地区强烈放热冷却，而林内热量却不易散失，气温降低较慢，故夜间林内暖于林外。总体而言，森林地区年平均气温略低于空旷地区。③森林内风速小。风入森林后，由于摩擦和阻挡作用，风速减小。农田防护林对小气候最显著的影响就是使风速减弱。当风吹向林带时，气流受到林带的阻挡，一部分透过林带间隙，一部分则从林带上空翻越。穿过林带的气流，因受树木的阻拦，分散成无数的小涡旋，改变了气流原来的路径和强度。翻越林带的气流，也因树冠的摩擦而减弱。当到达背风面一定距离以后，这两股气流又互相混合，并在混合过程中相互作用，结果使林带背风面风速降低。随着离背风林缘距离的增加，风速又逐渐增大。④森林内的湿度比空旷地区大。因林内风速小，乱流交换弱，树木蒸腾作用和气温偏低所导致。⑤森林增加水平降水量。森林植物枝叶对雾、露、霜等水平降水具有很强的捕获能力，使得森林的凝结水量比空旷地多；森林的蒸腾作用使得相应区域的水汽量增加，夜晚气温降低，水蒸气逐渐液化，森林给水汽提供了附着条件，使得森林增加了水平降水量。

森林与湖泊等下垫面一样，由于气流的交换作用而对区域或邻近地区气候有影响作用。研究证实中国"三北"及沿海防护林体系对区域空气温度、湿度、风速具有影响作用，且能减轻农业气象灾害。但关于森林对区域及局地垂直降水量的影响，由于问题复杂，尚无定论。

森林具有缓解气候变化等作用，并已成为应对气候变化的根本措施之一。①森林通过光合作用，使二氧化碳以生物量的形式固定下来，这个过程被称为碳汇。②森林以其巨大的生物量储存着大量的碳，是陆地上最大的储碳库。③固碳时间长，只要不腐烂、燃烧，木制品固碳就会长期、稳定地持续下去。

森林与环境污染

森林与环境污染是指人类直接或间接地向森林环境排放超过其自净能力的物质或能量，从而使环境的质量降低，对人类的生存与发展、生态系统和财产造成不利影响的现象。

环境污染包括大气污染、水质污染、土壤污染以及农药所造成的污染等。造成环境污染的原因，可分为化学的、物理的和生物的 3 个方面：①化学污染是指某些单质或有机无机化合物，如镉、汞、氰、酚、农药、多氯联苯等被引入环境，通过化学反应而发生作用。②物理污染是指各种破坏性的辐射、噪声、震动、废热、恶臭、地面沉降等对环境的破坏。③生物污染是指各种病菌、霉菌对环境的侵袭。其中，化学污染是主要的污染。

◆ 污染物对森林环境的影响

大气污染对森林的影响

大气污染中尤以酸沉降污染面积大而且比较严重。在全球范围内，森林生态系统是大气污染最直接也是最大的受害者，而酸雨和臭氧是影响森林的主要大气污染物。酸雨的最大特点是通过土壤间接地或潜在地对森林产生影响，而臭氧引起森林受害只是在某些特殊情况下才产生。

大气污染、酸沉降对林木的影响有时是非常明显的，当大气中的二氧化硫、二氧化氮的浓度过高，雨水的 pH 过低时，都会使林木受到明显的伤害，由此导致森林生产力下降，甚至衰亡。

大气污染导致森林衰退。衰退是指生物和非生物胁迫因素相结合造成树木退化或死亡的状况，可理解为自然和人为胁迫因素的共同作用，使树木衰亡并最终死亡。这些因素分成互相有联系的 3 类：①诱病因素，包括土壤贫瘠、气候变化、空气污染以及树木的遗传构成。②促病因素，包括虫害、干旱和霜冻。③致死因素，包括病毒、根部腐烂、虫害、真菌，它们使树木最后死亡。森林衰退还将导致生物多样性的剧降等其他一系列问题的连锁反应。

水体污染对森林环境的影响

水体污染的主要成因是工业废水的不合理排放。工业废水数量大，成分复杂，有毒物质多，大部分未经处理，使江河湖海遭受严重的污染。水体中的污染物一般可分为 4 大类，即无机无毒物、无机有毒物、有机无毒物与有机有毒物。

水体污染从各种途径对林业生产产生影响，主要表现在：对森林植物的生长发育有直接影响；对土壤产生影响，间接影响作物或林木的生长发育；对林产品品质产生影响和对林业生产人员的健康产生不良的影响。水体污染对森林环境的影响可分为 3 个阶段：第一阶段为不良影响阶段；第二阶段由于土壤的缓冲净化作用或人为的控制，属于对不良影响的净化阶段；第三阶段为不良影响无法消除阶段，即当水体污染物浓度持续升高时，对森林环境产生的影响将无法消除。

土壤污染对森林环境的影响

土壤污染的发生途径是与土壤的特殊地位和功能相联系的。首先，随着施肥、施用农药及灌溉，污染物进入土壤并不断积累，这是土壤污染物的重要来源。其次，土壤历来是废物垃圾的处理场所，废物的堆置使大量有机和无机污染物质进入土壤，这是土壤污染的又一途径。另外，土壤作为环境要素之一，大气或水体中的污染物质的迁移和转化而进入土壤，使之遭受污染。此外，自然界中某些元素的富集中心或矿床周围往往形成自然扩散晕，使附近土壤中某些元素的含量超出一般土壤的含量范围，这类污染称为土壤的自然污染。

◆ **森林对污染物的净化作用**

森林植物在新陈代谢过程中，要从环境中吸收空气水分和营养物质，在这个过程中，大气、水和土壤中的污染物一部分被吸收同化为植物本身的组成物质，另一部分被吸收富集，暂时贮存在植物的器官和组织中，从而起到改善环境的作用。森林具有巨大的叶面积，既能制造氧气，又能吸收大气中的二氧化碳、毒气和粉尘；不仅能净化大气，还能净化水质和土壤。可以说森林是一座巨大的净化工厂。

◆ **森林环境污染的治理对策和方法**

因森林衰亡而导致的物种灭绝，是人类不可挽回的损失。森林环境污染的治理是全球环境污染治理的一部分，两者密不可分。森林环境中的污染物多是森林环境之外的产物，因此森林环境污染的防治，首先要控制污染源。防治大气污染主要有以下几种方法：控制污染源、加强污染监测、选择和栽植抗污染树种。

森林保护

森林保护是采用各种监测、防治和管理措施，以避免或减轻森林遭受各类林业有害生物、林火与气象灾害及人为破坏等多种致灾因子危害的活动。

林业有害生物对森林的危害，也称森林病虫鼠害或森林生物性灾害，指森林中的微生物、昆虫、杂草、鼠类的生存和活动在超过一定限度时给森林带来的灾害，如林木死亡、减产等。林火对森林的危害指由自然或人为因素引起，失去人为控制，在森林中自由蔓延和扩展，燃烧一定面积，对森林生态系统及人类生命财产造成的一定危害和损失。气象因子对森林的危害指各种灾害性的特殊气象条件对森林生长发育造成的危害，主要包括低温、高温、干旱、洪涝、雪害、风害、冰雹害、雨淞害、雷击害和大气污染等。人为破坏森林指大肆乱砍滥伐林木等对森林资源造成的破坏。森林保护的主要目的是采取各种科学、有效措施防止人为破坏，林火，林业有害生物和气象灾害对森林的破坏，或将灾害损失点降到最低。其中林业有害生物的防控和森林火灾预防是森林保护工作的重点。

◆ 森林保护现状

森林火灾是森林最大的破坏性灾害，因此各国普遍重视森林防火工作。森林防火是指森林、林木和林地火灾的预防和扑救。预防林火仍是一项极为重要的森林保护任务。许多发达国家已由防火灭火向林火管理方向发展。

中国是世界上林业有害生物发生危害严重的国家之一。截至 2018 年，中国林业有害生物发生面积在 1150 万公顷左右，造成的危害损失年均在 1100 亿元左右。林业有害生物防治工作已成为保护中国森林资源、维护生态安全的一项长期而艰巨的任务。中国林业有害生物的发生特点有：外来有害生物不断传入，局部地区扩散蔓延迅速；常发性有害生物此起彼伏，发生面积居高不下；偶发性有害生物时有发生，个别年份暴发成灾；经济林有害生物日趋严重，经济损失加重；荒漠植被有害生物日显突出，生态损失加剧。林业有害生物发生的原因包括：林分结构不合理，森林质量整体情况差，抵御有害生物的能力弱；气候变化和灾害性天气频发，有害生物发生的诱因增多；日益频繁的国内外经济贸易为有害生物的入侵和扩散提供条件。

◆ **森林保护措施**

加强护林，坚决制止乱砍滥伐

认真贯彻执行《森林法》和《森林保护条例》，坚持依法治林；广泛地宣传群众、组织群众，依靠群众护林，并落实经济责任制，确保森林安全。

加强防火，杜绝森林火灾

贯彻"预防为主，积极消灭"的方针。在预防火灾的同时，做好扑火灭火的组织和设施的建设。建立准确而严密的监视系统，及时地发现火情。运用先进的扑火技术和设施，发现火情迅速扑灭，防止成灾。

防治林业有害生物，确保森林健康

森林保护面向的林业有害生物种类繁多，有害生物的传播途径多种多样，防治措施也多种多样，在生产实践中应用较广的可归纳为：①植物检疫，是以立法手段防止林业有害生物随植物及其产品在流通过程中传播的措施，由植物检疫机构根据国家颁布的检疫法规强制性实施。②生物防治，是利用林业有害生物的天敌或某些生物的代谢产物控制有害生物。③化学防治，是在适当时期科学地施用各种化学农药，以防治林业有害生物。④抗性育种，是通过转基因工程等培育抗性树种防治林业有害生物。⑤综合防治，是根据林业有害生物种群动态和有关环境条件，协调运用各种防治技术。各类防治措施都有其优点和局限性，需要从森林生态系统的整体出发，根据安全、有效、经济要求和"经济效益、社会效益与生态效益相统一"的原则，优先选用较少副作用和防治成本较低的措施，充分利用控制林业有害生物的自然因素和改变有害生物生活环境的栽培管理措施等。

建立自然保护区，保护种质资源

当今世界面临的严重问题之一是森林面积逐渐减少，森林植物和动物不断灭绝。因此建立森林自然保护区，保护森林种质资源也是森林保护的重要内容和任务。

森林生态采伐

森林生态采伐是以森林生态学理论为指导，进行既能高效利用森林，又能促进森林生态系统的健康与稳定，提高森林质量的森林采伐。

森林生态采伐的原则是采伐尽可能不影响森林生态系统，不造成森林生态系统结构、功能的损伤。森林采伐设计不仅要考虑木材收获，而且要考虑维持森林生态系统固有的生物多样性、土壤及其功能等因素。在林分水平上，要系统地考虑林木及其产量、树种组成和搭配、树木径级、生物多样性的最佳组合、林地生产力、物质和能量交换过程，模拟自然干扰来选择采伐木和保留木，使采伐后仍能维持森林生态系统的结构和功能，确保生态系统的稳定性和可持续性。在景观水平上，要考虑原生植被、顶极群落和视觉质量，进行景观规划设计，实现不同森林景观类型的合理配置。

森林生态采伐的技术可以分为两类：一是适用于多种森林生态系统类型的共性技术，二是针对特定森林生态系统的个性技术。中国虽然已经提出森林生态采伐更新技术体系，但仍需要针对具体森林类型进行技术研发。

林火管理

林火管理是为预防或控制森林火灾而采取的一些系列活动。

◆ 沿革

从远古至今，人类对林火的认识不断加深，大致可以划分为4个阶段。

第一阶段：粗放用火阶段。人们用火围猎、刀耕火种，种植农作物。这个时期持续时间很长，从奴隶社会一直延伸到封建社会。由于当时地球上人口数量不多，森林覆盖面积大，粗放用火有利于改善人类生活和文明进步。这个阶段大片森林毁于一旦，世界森林面积日趋减少。

第二阶段：全面防火阶段。18世纪至20世纪初，欧美和亚洲一些国家先后进入了森林防火时期。森林防火是建立在森林火灾有害的观点上，并将森林防火列为重要的森林经营措施，千方百计控制火灾。防火阶段的主要特征是有紧密的防火组织机构，有完整的防火法规，结束了刀耕火种的历史。

第三阶段：林火管理阶段。20世纪中叶，人们对林火有了进一步的认识，认为森林中有两类不同性质的火：一类是森林火灾，它失去人类控制，在森林中自由蔓延、自由扩展，烧毁森林，给人民经济带来损失；另一类是营林用火（计划火烧），是一种在人为控制下的燃烧，即有目的、有计划地用火，以达到预期的经营目的和效果。1950年以后，人们一方面重视预防和消灭有害的森林火灾；另一方面，开始开展有益的计划火烧和营林用火，充分利用火的两重性，对林火进行管理。

第四阶段：现代林火管理阶段。随着社会的发展，科学技术的进步，气象科学、电子计算机、航空器、遥感技术的迅速发展，为林火管理提供了先进的手段和技术条件，如遥感探火、红外探火、无人机火情探测、航空消防、火发生预报、火行为蔓延模拟、火场指挥决策系统等，20世纪70年代以后世界林火管理已进入现代化林火管理阶段。

◆ 主要内容

林火管理是涉及多学科、多要素和多部门的系统工程，包括以保护生命、财产和森林免受林火危害的各种活动，如可燃物管理、计划火烧和营林用火、火发生预测预报、火情探测和监测、林火扑救、火后评估和恢复等，以能否获得环境、社会和经济效益作为林火管理成败的标准。林火管理既为土地管理的理念，又是土地管理的实践活动。它将林火原理和林火生态知识、林火效应、风险价值、森林保护水平、林火相关活动成本、计划火烧技术等多种因素有机地联系在一起，进行多功能规划、决策和日常管理活动，以实现预定的资源管理目标。成功的林火管理取决于有效的林火预防和火情探测、足够的林火扑救能力，以及林火生态作用的有效利用。

有害生物防治

有害生物防治（PCO）是用各种方法和技术针对危害人类健康、侵扰人类居住环境的有害昆虫和有害动物进行综合治理，实现有效控制。PCO 的核心是有害生物的综合防治，即从有害生物与环境以及社会条件的整体观念出发，根据标本兼治而着重治本、有效、经济、简便和安全，以及对环境无害的原则，因地制宜地对有害生物采用适当的环境治理、化学治理、生物防治或其他科学有效手段组成一套系统的防治措施，将有害生物种群密度控制在不足以形成危害的水平，并争取予以清除，以达到除害灭病或减少骚扰的目的。狭义地讲有害生物防治主要包括鼠害控制、医学昆虫防治和消毒三大项。

◆ **概况**

世界各地的 PCO 发展与各地经济社会发展水平相适应，各国间发展极不均衡。经过百余年的发展，在发达国家和地区，如美国、英国、加拿大、澳大利亚、日本等国和中国香港地区，PCO 已完成了由政府行为向社会服务转变的过程，形成了一个成熟的产业，政府有专门管理 PCO 的法律法规，行业有自己的协会。中国有害生物防治出现于 20 世纪 90 年代。2002 年中国媒介生物学及控制分会 PCO 学组成立和国内第一部 PCO 专著《有害生物防治（PCO）手册》的出版，标志中国 PCO 产业的诞生。此后出现了不少爱国卫生运动委员会、防疫站、街道办事处和一些个体、私营业主开展一些杀虫、灭鼠的有偿服务，有害生物防治开始由政府行为向社会行为转变。2005 年由劳动和社会保障部正式颁布了《有害生物防制员》的国家职业标准，这标志着有害生物防治已经成为一种职业。有害生物防治主要服务于宾馆、饭店、医院、餐饮、食品制售单位等行业，进行蚊、蝇、鼠、蟑的杀灭。

◆ 防治对象

有害生物防治的对象主要包括危害、侵扰人类的有害节肢动物、啮齿动物等。根据危害可分为以下几类：①病媒害虫。如老鼠、蚊子等，它们是传播疾病的病媒生物。如老鼠传播鼠疫、出血热，蚊子传播脑炎、登革热等。②城市防虫。污染食物、环境、骚扰人类的城市害虫，如苍蝇、蟑螂、蚂蚁、蜘蛛等是 PCO 企业所面对的防治对象。③木材防虫。以木质纤维素为食物的害虫给木材的贮藏、使用带来麻烦，甚至破坏，温暖、潮湿的地方问题更严重。④食品防虫。食品防虫的防治技术应用在从食品生产原料的采购、储存，一直到制成食品的整个生产过程中。⑤园林、草地治理。城市中园林、草地的大幅度增加使 PCO 企业所具备的治理园林害虫的技术得以施展，园林中常见的害虫包括日本甲虫、介壳虫、尺蠖、舞毒蛾、结网毛虫等。⑥禽畜卫生防虫。某些虫类能在禽畜间传播疾病，或者骚扰禽畜的进食、休息，造成禽畜发育不良。对这些虫类的防治是保证禽畜健康，提高禽畜产蛋率、产奶率、产肉率的有效手段之一。⑦工业制品防虫。这类防治技术是根据不同的工业制品的不同要求而实施的。如对药品、保健品的防虫技术，需符合药品生产质量管理规范（GMP）对药品生产的要求；而有些中外合资企业或外商独资的食品企业需符合美国烘烤技术研究所（AIB）食品卫生统一标准；危害因素的关键控制点（HACCP）的概念已逐渐普及，按危害因素的关键控制点的要求生产的企业日渐增多。

◆ 发展

伴随社会经济的发展，城市化水平的提高和各种法律法规的不断健全，PCO 这一产业必将向市场化、专业化和法制化的方向发展。其发展受到社会经济因素、法规环境因素、技术发展因素和供应链兼并等因素的影响。

跨界保护区

跨界保护区是跨越国家、国内行政区和 / 或国家主权或管辖权范围之间的一条或多条边界的区域（陆地或海洋），这些区域的各组成部分主要用于生物多样性及自然和相关文化资源的保护和维持，并通过法律或其他有效手段进行合作管理。

构建跨界保护区网络已被列为《生物多样性公约》框架下"保护区工作组"的一项战略任务，涉及生态、环境、经济、政治等多个领域，成为全球保护区研究领域的热点问题之一。

通过法律或其他行政手段进行合作管理是跨界保护区能否构建成功的核心内容和先决条件。构建跨界保护区的有利方面有：①提高生物地理区域和生态系统的综合管理水平，有利于生物多样性的保护和持续利用，特别是对本地一些特有和罕见的物种来说更是如此。②对本地生物多样性有不利影响的病原菌和昆虫或外来入侵种的传播，以及环境污染等更容易得到控制和防止。③各方共同开展研究，避免彼此低水平的重复，有利于各方经验的交流、方法的统一。④共同培训保护区工作人员，使各方更加容易进行交流，开展更多的合作项目，从而更有利于分歧和矛盾的解决。⑤开展共同巡逻、监测和管理活动，有利于防火、控制偷砍偷猎、非法贸易和走私等的发生。⑥共同开拓生态旅游市场和文化教育的交流，有利于繁荣地方经济和提高人们的生活水平。⑦跨界重大项目的合作可吸引各界著名人士的关注、支持和合作，并促进各方在其他领域的合作和共事。如果有重大的威胁事件发生，也将会得到国际上的声援。⑧海关和移民机构的合作也将会得到加强和融合，边界检查和援救等各项合作行动效率更高。

构建和管理跨界保护区网络，使不同国家、不同语言、不同政治体制和文化背景的合作者参与进来进行有效合作是一项巨大的挑战。科学家、管理者和决策者根据具体情况，研究制定适宜的跨界保护区网络建设方式，并在管理的过程中，总结经验教训，不断改进，摸索出适应自身条件的跨国界保护区网络管理模式；尝试开展内部不同行政区（如省、市、县）之间的跨界保护研究，综合考虑成本和效益，对完善包括中国在内的世界各地的自然保护区的发展规划、优化现有自然保护区体系具有重要意义。

自然保护区

自然保护区是对有代表性的自然生态系统、珍稀濒危野生动植物物种的天然集中分布区、有特殊意义的自然遗迹等保护对象所在的陆地、陆地水体或海域，依法划出一定面积予以特殊保护和管理的区域。

◆ **词源**

广义的自然保护区是指受国家法律特殊保护的各种自然区域的总称，不仅包括自然保护区本身，也包括国家公园、风景名胜区、地质公园、自然遗产地等各种保护形式。狭义的自然保护区是指以保护特殊生态系统进行科学研究为主要目的而划定的自然保护区，即严格意义的自然保护区。

中国的自然保护区又曾称"禁伐区""禁猎区"，往往是一些珍稀动植物的集中分布区，候鸟集中繁殖地、越冬地或重要的迁徙停歇地，以及某些饲养动物和栽培植物野生近缘种的集中产地，具有特殊性或典型性的生态系统，具有特殊保护价值的地质剖面、化石产地、冰川遗迹、火山口等。自然保护区是活的自然博物馆，也是自然资源库。它为观察研究自然界的发展规律、保护和管理珍稀的生物资源和濒危的物种、引种驯化和繁育有发展潜力的物种、进行自然生态系统科学研究和环境监测、开展生物学和环境科学教学实习、开展自然旅游和野外游憩等提供了永久性基地。自然保护区具有重要的生态保护和社会服务功能，在保护生物多样性、维持生态平衡、维护国土生态安全、推进生态文明建设等方面具有重要作用。

与自然保护区密切相关的还有一个概念，即保护地，是指专门用于生物多样性及有关自然与文化资源的管护，并通过法律和其他有效手段进行管理的特定陆地或海域。根据保护地的管理目标，保护地不仅包含自然保护区，还包括严格自然保护区、荒野地、国家公园、自然纪念物、生境/物种管理区、陆地/海洋景观保护区，以及资源管理保护区等。

◆ **分类**

在中国，根据自然保护区自然属性，自然保护区被分为3个类别9种类型。

生态系统类别自然保护区，是为保存或维持某一特定的典型生态系统而建立的自然保护区，其以具有代表性、典型性与完整性的生物群落和非生物环境共同组成的生态系统为保护对象，包括森林生态系统、草原与草甸生态系统、荒漠生态系统、内陆湿地和水域生态系统、海洋和海岸生态系统5种类型自然保护区。

野生生物类别自然保护区，是为保护某一特定的野生动植物种而建立的自然保护区，是珍稀濒危物种的分布集中地区，包括野生动物和野生植物2种类型自然保护区。

自然遗迹类别自然保护区，是为保存某一特定的自然历史遗迹而建立的自然保护区，包括地质遗迹和古生物遗迹2种类型自然保护区。

◆ **分级**

中国自然保护区的分级管理是根据自然保护区的价值和在国际国内影响的大小，将自然保护区分为国家级自然保护区和地方级自然保护区。将在国内外有典型意义、在科学上有重大国际影响或有特殊科研、生态价值的自然保护区，列为国家级自然保护区。其他具有典型意义或重要科学研究价值的自然保护区列为地方级自然保护区。地方级自然保护区，按照各省、自治区、直辖市的地方性法规或者地方政府规章的规定，分为省、市和县自然保护区。

在管理上，国家级自然保护区由其所在地的省、自治区、直辖市人民政府有关自然保护区行政主管部门或者国务院有关自然保护区行政主管部门管理。地方级自然保护区由其所在地的县级以上地方人民政府有关自然保护区行政主管部门管理。

◆ **分区**

自然保护区分区管理，就是从建立自然保护区的目标出发，从自然保护区保护管理和经济社会可持续发展的实际需要出发，将自然保护区划分为核心区、缓冲区和实验区，开展分区施策。自然保护区的核心区、缓冲区和实验区是一个有机的整体，核心区内要实行严格保护，禁止任何单位和个人进入，仅供科学研究和科学考察用；缓冲区内禁止开展旅游和生产经营活动，可以开展科学研究、教学实习、标本采集等活动，但应当事先向自然保护区管理机构提交申请和活动计划，经自然保护区管理机构批准；对实验区，在不影响自然资源和主要保护对象的前提下，可以从事生态旅游、基础设施建设等利用活动。并且，在自然保护区的核心区和缓冲区内，不得建设任何生产设施。在自然保护区的实验区内，不得建设污染环境、破坏资源或者景观的生产设施；建设其他项目，其污染物排放不得超过国家和地方规定的污染物排放标准。

◆ **历史与现状**

历史上的自然保护更多的是来自强权者的自私或者是宗教的作用。由于对皇帝和宗教的敬畏，客观上留下来一些园林和宗教圣地的风景名胜区；欧洲帝国也留下了一些皇家园林，即使是为了扩张而殖民的区域，也保留下了一些自然和文化圣地。客观上，这是最早的保护地，但面积都比较小。

尽管世界各国划出一定的范围来保护野生动植物及其生存环境已经有很长的历史，但国际上一般是把 1872 年经美国政府批准建立的第一个国家公园——黄石国家公园认为是全球最早的自然保护区。1870 年 8 月，一支有组织的 20 余人探险队，由美国南北战争时的将军且曾任国会议员的 H.D. 沃什伯恩率领，抵达后来的黄石公园范围界，他们发现黄石的美景远超他们出发前的想象。这些探险家写了许多文章，对黄石做了广泛报道，使社会大众产生这样的信念：这壮丽的奇景绝不能步尼亚加拉瀑布的后尘，沦为私人开发的牺牲品。探险队于是给美国总统写信。1872 年，美国国会在议会里经过一场激烈的辩论之后，通过《黄石国家公园法案》，并在当年 3 月 1 日由时任总统 U.S. 格兰特签署命令，划定大部分位于怀俄明州，地跨怀俄明、蒙大拿、艾奥瓦 3 个州的约 80 万公顷土地为黄石国家公园，规定"是人民的权益和享乐的公园或游乐场"。这片广大的土地全部禁绝私人开发。至此，世界上第一个国家公园宣告诞生。黄石国家公园成功抵御了多次自然灾害的威胁，已经发展成为全世界最为著名的自然保护区之一。

继美国之后，世界各国也开始建立国家公园。加拿大于 1885 年开始在西部划定了冰川、班夫和沃特顿湖 3 个国家公园，澳大利亚设立了 6 个，新西兰设立了 6 个。19 世纪，几乎全部国家公园都是在美国和英联邦范围内出现的。1935 年，印度建立了亚洲第一个国家公园——科伯特国家公园，标志着自然保护思想在发展中国家的发端。20 世纪以来，世界自然保护区事业发展迅速，特别是第二次世界大战后，在世界范围内成立和提出了许多国际机构和计划，从事自然保护区的宣传、协调和科研等工作，如世界自然保护联盟、联合国教科文组织的"人与生物圈计划"等。全世界自然保护区的数量和面积不断增加，并成为一个国家文明与进步的象征之一。截至 2011 年底，全球共建立各类保护地约 13 万处，陆地保护区面积超过 2423 多万平方千米，占地球陆地面积的 12% 以上。

在中国，春秋、战国时代就有保护自然资源的记载。如《礼记·曲礼》有"国君春田不围泽，大夫不掩群，士不取麛卵"，《孟子》有"斧斤以时入山林，材木不可胜用也"的论述，古代还设官管理生物资源，如"川衡"掌管川泽禁令，"林衡"掌管林麓禁令，"迹人"管苑圃，"囿人"管野生百兽等。历代王朝的皇家苑、囿和民间的"风水林""神林""龙山"等对自然景观和自然资源也起着保护作用。

中华人民共和国成立后，建立自然保护区的工作逐步开展。1956年 9 月，在第一届全国人民代表大会第三次会议上，秉志、钱崇澍等 5位科学家提出了《请政府在全国各省（区）划定天然森林禁伐区，保护自然植被以供科学研究的需要》92 号提案，国务院根据大会意见提交林业部会同中国科学院和当时的森林工业部研究办理。据此，林业部于当年 10 月即提交了《天然森林禁伐区（自然保护区）划定草案》，提出了自然保护区的划定对象、划定办法和划定地区。这个草案对中国自然保护区的建立起到了积极的促进作用，标志着中国自然保护区建设开始起步。之后，许多省（自治区）根据这个草案划定自然保护区，成立专门管理机构，广东省鼎湖山自然保护区、福建万木林自然保护区、云南省西双版纳自然保护区等中国第一批自然保护区陆续建立起来。

1972 年联合国人类环境大会后，中国对环境问题逐步重视，自然保护区建设进入了一个缓慢的发展阶段，青海青海湖、四川卧龙等一批自然保护区相继建立。1973 年，当时作为自然保护区主管部门的农林部起草了中国《自然保护区暂行条例（草案）》，在同年 8 月召开的全国环境保护工作会议上讨论并得到通过。到 1978 年底，全国共建立自然保护区 34 个，面积达 126.5 万公顷，约占国土面积的 0.13%。

1978 年以后，中国经济社会发展稳步前进，自然保护区事业也形势喜人。1979 年 10 月，林业部、中国科学院、国家科委、国家农委、环保领导小组、农业部、国家水产总局、地质部等 8 个部委下达了《关于自然保护区管理、规划和科学考察工作的通知》，以加强对自然保护区建设和管理工作的指导。1980 年 4 月，在全国农业自然资源调查和农业区划委员会下成立了自然保护区区划专业组，各省（自治区、直辖市）也相继成立了自然保护区区划小组。1980 年 9 月，自然保护区区划专业组在成都召开全国自然保护区区划工作会议，研究和部署了全国开展自然保护区区划工作的原则和步骤，中国自然保护区发展开始走上正轨。

1984 年，《中华人民共和国森林法》的颁布和实施，为建立完善自然保护区体系铺平了道路。1987 年，中国国务院环境保护委员会正式发布《中国自然保护纲要》，随后中国政府颁布实施《野生动物保护法》《森林和野生动物类型自然保护区管理办法》《自然保护区条例》等一系列法律法规，为自然保护区的快速发展奠定了基础，标志着中国自然保护区管理开始走上法制化、规范化的轨道，并逐步形成了类型比较齐全，国家、地方级相互配套的自然保护区体系。截至 2000 年，中国已建立自然保护区 1276 处，面积达到 1.24 亿公顷，其中包括以保护长江、黄河和澜沧江源头生态系统为主要保护对象的三江源自然保护区。

　　21 世纪以来，中国政府更加重视生态保护工作，投资数千亿元实施了天然林保护、退耕还林等重点生态修复工程。2001 年，全国野生动植物保护与自然保护区建设工程启动实施，中央政府累计安排投资近 50 亿元改善国家级自然保护区基础设施，通过实施大工程和生态效益补助资金政策，自然保护区保护管理能力大幅提升，管理条件大幅改善，自然保护区保护管理水平迈上新台阶。2006 年，国家林业局印发了《全国林业自然保护区发展规划（2006—2030 年）》，确定了 51 个示范自然保护区，在全国开展规范化科学化示范建设。2010 年，中国国务院办公厅印发了《关于做好自然保护区管理有关工作的通知》，明确自然保护区为国家社会经济发展中的禁止开发区，要求切实做好自然保护区管理工作。

　　中国做出建设生态文明和美丽中国的战略部署后，自然保护区建设在经济社会发展和生态环境改善中的作用越来越凸显。中国自然保护区建设已经融入国家发展战略层面之中，成为国家中长期经济社会发展的重要任务。截至 2015 年底，全国共建立各种类型、不同级别的自然保护区 2740 个，总面积约 14703 万公顷。其中陆地面积约 14247 万公顷，占全国陆地面积的 14.8%；国家级自然保护区 428 个，面积 9649 万公顷。

◆ 功能

中国自然保护区已成为中国主体功能区中的关键区域，是"禁止开发区"的主体内涵，它们有效保护了中国 90% 的陆地生态系统类型、85% 的野生动物种群、65% 的高等植物群落、300 多种重点保护的野生动物和 130 多种重点保护的野生植物，涵盖了 25% 的原始天然林、50%以上的自然湿地和 30% 的典型荒漠地区，对维护中国生态安全以及促进经济和社会可持续发展发挥了重要作用。例如，中国长江、黄河、澜沧江、怒江、雅鲁藏布江等重要大江大河源头生态系统，东北大小兴安岭和长白山地，横断山区等地区重要天然林精华都在自然保护区内得以保护保育。其中长江上游的森林是世界上生物多样性最丰富的温带森林，相关省份建立了 80 余处国家级自然保护区，整个长江流域建立了 140余个国家级自然保护区，对加强长江生态系统的健康和安全起到重要保障作用。再如，中国特有种和世界生物多样性保护旗舰物种大熊猫的自然保护区数量已达 67 处，总面积达到 336 万公顷，66.8% 的野生大熊猫和 53.8% 的大熊猫栖息地纳入了自然保护区网络，野生大熊猫个体数量在自然保护区内增加到 1246 只，自然保护区的建立有效控制了大熊猫栖息地的人为活动，促进了大熊猫栖息地的恢复与分布范围的扩展。

与美国、德国等发达国家基本无居民的保护区不同，中国自然保护区及周边人口众多。据不完全调查，每个自然保护区内平均定居人口近7000 人，周边社区人口 5 万多人。自然保护区与周边社区鱼水相连，自然保护区各项工作与社区发展紧密相连。经过多年实践，中国大部分省和自然保护区管理局积极推进参与式保护机制，很多保护区聘用当地农民作为巡护员参与到保护工作中，扩大保护区保护力量的同时，也实现了精准扶贫。一些保护区还积极利用志愿者、非政府组织的力量加强自然保护区资源保护和管理工作，如湖南省每年志愿者帮助爱鸟护鸟；青海林业厅以青海湖保护区为试点探索协议参与机制；云南白马雪山保护区招募志愿者协助自然保护区的相关管理工作和巡护工作；四川、云南等省积极与非政府组织合作，吸收国外先进理念和先进技术管理自然保护区。

中国有200多处国家级自然保护区建有动植物标本馆、自然博物馆、科普馆、科普长廊等，年接待参观考察人数超过3000万人（次）；150多个国家级自然保护区建立了宣传网站或网页。自然保护区成为科普教育、生态教育和弘扬生态文明、开展爱国主义教育的重要基地，提高了公众生态保护意识，培养了一大批志愿者和热爱自然的人士，保护自然的社会、文化和精神力量不断增强，文化的"软实力"日益彰显。

中国在自然保护区建设管理方面与美国、韩国等国家和地区建立了长期双边合作机制，国际合作广泛，双边国家自然保护区管理机构和自然保护区管理局建立了定期交流机制。同时，中国有32处国家级自然保护区加入"世界人与生物圈网络"，49处自然保护区加入国际重要湿地，内蒙古呼伦湖等一批国家级自然保护区加入"东亚－澳大利西亚涉禽迁徙网络"，安徽升金湖等一批国家级自然保护区列入"东北亚鹤类保护网络"，四川唐家河等6处国家级自然保护区列入世界自然保护联盟首批绿色保护地名录。

本书编著者名单

编著者 （按姓氏笔画排列）

王　晖　　王　蕙　　王仁卿　　王希华

王国宏　　王彦辉　　朱建华　　李迪强

吴水荣　　张文馨　　张劲松　　张星耀

尚　鹤　　郑培明　　宗世祥　　赵凤君

徐基良　　黄第洲　　程中倩　　舒立福

雷相东